Dr. Nathalie Penquitt

Meine
Pferdeschule

Zauber der Verständigung

KOSMOS

Inhalt

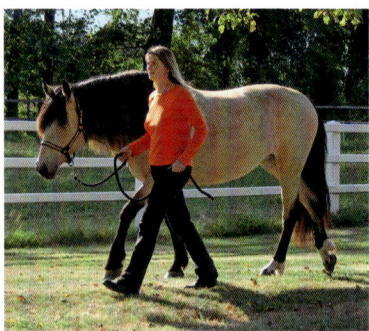

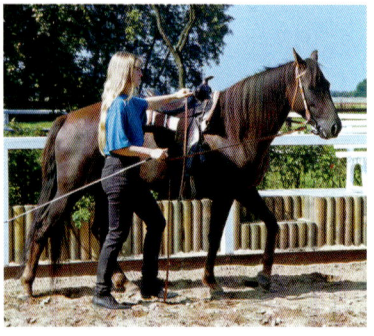

Dieses Buch widme ich all meinen Pferden, die
mich so viel lehren und mir vieles verzeihen.
Ohne sie hätte es das Buch weder damals noch
heute gegeben.

Die „neue" Pferdeschule

Nun gibt es sie schon so viele Jahre – Die Pferdeschule. Ich nehme sie immer noch voller Stolz in die Hand und doch juckt es mir in den Fingern, sie zu aktualisieren, zu erweitern und zu verbessern. Glücklicherweise lerne auch ich dazu, und so hat sich in den letzten Jahren einiges getan. Besonders meine Didaktik gegenüber dem Pferd hat weitere Fortschritte gemacht.

Viele Methoden, von denen damals noch niemand sprach, haben sich inzwischen zugunsten der Pferde etablieren können. Man weiß heutzutage weit mehr über die Möglichkeiten der positiven Verstärkung, um den Tieren das Lernen zu erleichtern. Dabei hilft das Clicker-Training ganz besonders, sich dem Tier gut verständlich zu machen. Zirkuslektionen und deren positive Wirkungen auf Mensch und Tier sind mittlerweile weithin bekannt. Das Thema des Buches bleibt also weiterhin aktuell. Ich freue mich, dass ich mit dieser aktualisierten Ausgabe dem bestehenden Interesse der Pferdefreunde nachkommen kann.

Zirkuslektionen sind für Amber und mich immer eine willkommene Abwechslung.

Wie alles begann

Bereits seit meinem fünften Lebensjahr sind Pferde meine große Leidenschaft. Da mein Vater diese Liebe zu Pferden schon damals mit mir teilte, hatte ich als Kind keine Schwierigkeiten, dieser Leidenschaft nachzugehen. So bekam ich mit neun Jahren mein eigenes Pony, eine Kreuzung zwischen Araber und Welsh. Es war zusammen mit einer Trakehner-Fjord-Kreuzung das zweite Pferd in unserer Familie. Jeden Tag fuhr ich damals mit meinem Vater nach seiner Arbeit zu unseren Pferden. Wir verbrachten viel Zeit mit gemeinsamen Ausritten und auch längeren Wanderritten über mehrere Hundert Kilometer.

Pferde waren aus meinem Leben nicht mehr wegzudenken und werden es nie sein. Da mein Vater durch längere Krankheiten häufig ans Bett gefesselt war, blieb ihm oft nur das Lesen über Pferde übrig. So erfuhr auch ich schon früh viel über die Theorien der verschiedenen Reitweisen. Wie kam es nun aber zu meinem ganz persönlichen Stil im Umgang mit Pferden? Schon immer haben mich liebevoll ausgedachte Pferdenummern im Zirkus fasziniert. Es erschien mir allerdings völlig rätselhaft, wie man einem Pferd all diese Dinge beibringen kann, obwohl sich meines immerhin schon verbeugen und „Guten Tag" sagen konnte. Doch das Hinlegen oder Knien ebenso wie der Spanische Schritt und vieles andere mehr waren mir ein Buch mit sieben Siegeln.

Es war ein glücklicher Zufall, dass mein Vater und ich einen Wanderzirkus kennenlernten, der gerade an unserem Urlaubsort gastierte. Es gab dort jemanden, der eine sehr glückliche Hand für Pferde hatte. Jeden Tag gingen wir in die Vorstellung und wurden nicht müde, die Vorführungen wieder und wieder zu sehen, besonders die Pferdenummern.

Wie so oft hatten wir unsere Pferde mit in den Urlaub genommen. Es gelang uns, die Zirkusleute zu überreden, uns

1|2 Schon mit elf Jahren nahm mein Vater mich mit auf gemeinsame Wanderritte. So konnten wir unsere Verbundenheit mit den Pferden in vollen Zügen genießen.

3 Pause nach einer längeren Strecke. Bei einem Wanderritt lernen sich Mensch und Tier so gut kennen wie sonst kaum jemals.

zu zeigen, wie man einem Pferd das „Kompliment", also eine Art Verbeugung, beibringt. Das war etwas, das ich meinem Pferd schon immer beibringen wollte, aber ich wusste einfach nicht, wie ich es anfangen sollte. Damals mussten wir dem Zirkus versprechen, nicht zu verraten, wie wir geübt hatten.

Von da an war der Bann gebrochen. Es fiel mir immer leichter, einen Weg zu finden, um mich meinem Pferd verständlich zu machen. Inzwischen sind Jahre vergangen, und zu dem einen „Kunststückchen" sind etliche Lektionen hinzugekommen. Mir fiel auf, dass die Pferde sich verändern, wenn man sich, wie hier beschrieben, ausführlich mit ihnen beschäftigt. Sie hören besser zu, sind umgänglicher und lernen schneller. Diese Veränderungen waren oft sehr erstaunlich. Sie brachten mich zu der Überzeugung, dass es für jedes Pferd von Vorteil ist, wenn sich der Mensch möglichst vielseitig mit ihm beschäftigt, weil dadurch nicht nur der Körper, sondern auch der Geist des Pferdes gefördert wird.

Linda Tellington-Jones hat diesbezüglich mit Sicherheit einen Stein ins Rollen gebracht, um das Interesse für einen „etwas anderen Umgang" mit dem Partner Pferd zu wecken.

Mit der Zeit habe ich mir einige Methoden und Übungen angeeignet, die das Training eines Reitpferdes sinnvoll ergänzen und vieles leichter machen. Ein Pferd, dessen Gelenkigkeit schon an der Hand gefördert wurde, kann auch unter dem Reiter besser mitarbeiten.

An dieser Stelle möchte ich besonders **Richard Hinrichs** danken, einem Meister der Barocken Reiterei, der mir mit vielen seiner Überlegungen und Erkenntnissen für die Arbeit mit Pferden an der Hand geholfen hat.

Viele seiner Grundsätze habe ich heute so verinnerlicht, dass ich sie mir aus dem Umgang mit Pferden und ihrer Ausbil-

1 Eine der vielen Lektionen, die man mit seinem Pferd einüben kann: Auf ein Zeichen von mir hebt Lucky sein Bein.

2 Dem Pferd muss immer gezeigt werden, ob es uns richtig verstanden hat.

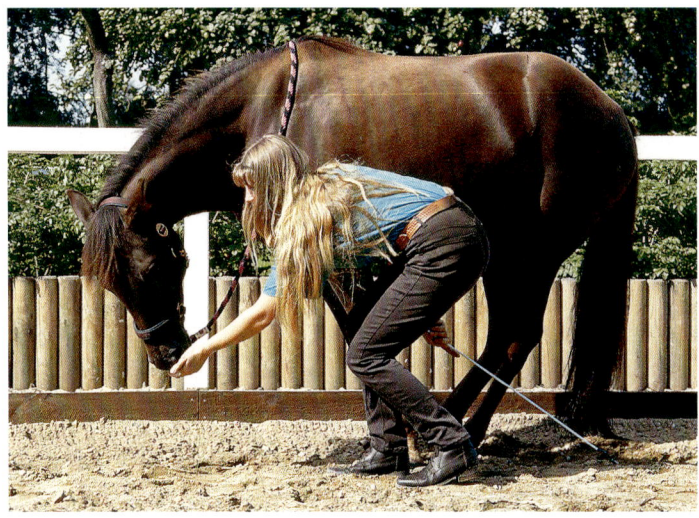

Amber wird für ihre Mitarbeit bei dieser gymnastizierenden Übung belohnt.

dung nicht mehr wegdenken kann. Inzwischen kann ich auf Erfahrungen mit vielen Pferden zurückblicken. Das kann man meiner Meinung nach nicht durch noch so viel theoretisches Wissen ersetzen, das man sich aus Büchern, Vorträgen oder Ähnlichem angeeignet hat. Natürlich sollte man aber auch diese Quellen nutzen, um von den Erfahrungen anderer zu profitieren. Außerdem bilde ich auch Pferde unter dem Sattel aus und engagiere mich in der Ausbildung der Reiter in dem Stil, den mein Vater in seinem Buch „Die Freizeitreiter-Akademie" bekannt gemacht hat. Die intensive Beschäftigung mit dem Pferd vom Boden aus ist also durchaus nicht nur Selbstzweck. Wie man sehen wird, zieht sie auch viele positive Effekte für das Reiten nach sich. Der eine oder andere wird mich vielleicht von einem meiner Auftritte auf diversen Veranstaltungen kennen. Mir liegt nichts daran, an Wettkämpfen teilzunehmen, dennoch zeige ich gern das Können meiner Pferde. Die vielen Veranstaltungen mit ihren Showteilen bieten eine gute Möglichkeit dazu. Die Atmosphäre ist ganz anders, wenn man seine Punkte beim Publikum und nicht gegen die Konkurrenz bei den Richtern gewinnen möchte.

Oft wurde ich gefragt: Wie macht man das bloß? Und immer öfter hörte ich hinter dieser Frage nicht nur den Wunsch, mit einem Trick seinem Pferd etwas möglichst Sensationelles beizubringen, sondern das Interesse daran, was man mit einem Pferd außer dem Reiten noch alles anstellen kann, woran auch das Pferd Spaß hat. Gerne gebe ich meine Erfahrungen weiter. Dabei möchte ich nicht den Anspruch erheben, noch eine neue Lehre erfunden zu haben, sondern einen Weg aufzeigen, wie man seinem Pferd etwas beibringen kann, und zwar so, dass der Leser es wirklich nachmachen kann.

Grundsätzliches

Nicht immer ist man in der Stimmung, etwas Neues zu trainieren. Wie wäre es stattdessen mit einem erholsamen Ausritt?

Zu den beschriebenen Methoden

Die Gefahr einer Anleitung für bestimmte Übungen in einem Buch liegt darin, dass der Leser versucht, sie zu befolgen, aber nie genau weiß, ob er alles richtig gemacht hat. Ein großes Problem ist es beispielsweise, die Intensität zu beschreiben, mit der eine Hilfe gegeben werden muss. Weiterhin ist es oft schwierig, einen Rat zu geben, wann man mit einer bestimmten Übung für diesen Tag aufhören sollte, weil momentan keine weitere Steigerung vom Pferd mehr zu erwarten ist.

Man kann für ein Pferd keine Gebrauchsanweisung schreiben, mit der dann alles funktioniert, denn bekanntlich ist unser Pferd zum Glück ein Individuum und keine Maschine. Dennoch habe ich versucht, möglichst genaue Anleitungen für die einzelnen Lektionen zu geben, auch unter Berücksichtigung vielleicht auftretender Schwierigkeiten.

Bei der Auswahl der Übungen und Methoden habe ich mich bemüht, solche zu wählen, mit denen man seinem Pferd keinen physischen oder psychischen Schaden zufügt, auch wenn das Üben einmal nicht so gut klappt.

Aus diesem Grund wird auch der Einsatz irgendwelcher Zwangsmittel, wie etwa Hilfsstricke an den Beinen oder großer Kraftaufwand, ausgeschlossen. Ich möchte bei meiner Ausbildung eines Pferdes ohne sie auskommen. Es mag Möglichkeiten geben, diese einzusetzen, aber man sollte dann mit

Der Bonustipp

Aus meinen langjährigen Erfahrungen ergeben sich wertvolle Erkenntnisse, die ich in diesen hilfreichen Bonustipps an geeigneten Stellen eingefügt habe.

Bonustipp Kommando

Ein Kommando wird erst dann eingeführt, wenn damit zu rechnen ist, dass das Pferd die gewünschte Lektion mit hoher Wahrscheinlichkeit ohne zu zögern zeigen wird. Andernfalls würde das Kommando bedeuten: „Mach es oder auch nicht."

jemandem zusammenarbeiten, der Erfahrung auf diesem Gebiet hat und die Reaktionen des Pferdes richtig deuten kann. Angelesenes Wissen ist dafür kein Ersatz.

Es bietet sich ein großer Spielraum, mit seinem Pferd neue Lektionen zu üben, es das Lernen zu lehren und im Gegenzug ein kooperatives und zufriedenes Pferd zu erhalten.

Zum Aufbau und Ablauf einer Lektion

Es gibt Lektionen, die in einzelnen Lernschritten eingeübt werden, die sich je nach Schwierigkeitsgrad über einzelne Tage bis zu vielen Wochen hinziehen können. Einige andere Lektionen sind mit einem entsprechend vorbereiteten Pferd unter Beachtung der aufgeführten Hilfen sofort ausführbar. In den einzelnen Kapiteln wird deutlich, wann was zutrifft.

Zu jeder Lektion gehört ein Kommando. Das ist meistens ein Wort, kann aber auch eine bestimmte Geste, die Kombination aus verschiedenen Hilfen oder auch die Situation an sich sein, wie beispielsweise das Heranführen an ein Podest oder das Abstellen eines Kegels.

Das Wort oder die Geste kommen erst dann als Kommando zum Einsatz, wenn die Übung bereits bekannt ist und wiederholbar funktioniert. Diese Vorgehensweise habe ich in den letzten Jahren verfeinert, und durch das Clicker-Training präziser strukturieren können.

Das Wort sollte in Klang und Sinn zu der Übung passen. Vorschläge dazu finden sich auf Seite 28.

Jede Lektion muss ein eindeutiges Ende für das Pferd haben. Die meisten Lektionen können mit demselben Wort beendet

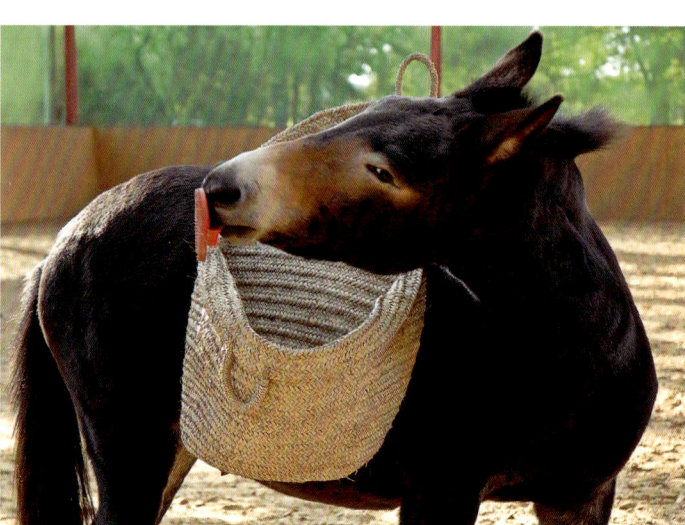

Muli Stanley hat die Übung „Putzzeug aufheben und in den Korb werfen" in vielen einzelnen Schritten gelernt.

werden. Ich benutze für alles, bei dem das Pferd in einer ungewöhnlichen Haltung steht, kniet oder liegt, das Schlusskommando „Auf". Das Pferd muss also aus jeder Übung eindeutig entlassen werden.

Für jede zufriedenstellend ausgeführte Übung wird das Pferd gelobt und mit einem Leckerli belohnt. Lob und Leckerli beenden in jedem Fall die Übung.

Das Üben einer Lektion sollte an dem jeweiligen Tag immer dann beendet werden, wenn das Pferd besonders gut war und für diesen Tag keine bessere Leistung zu erwarten ist.

Voraussetzungen

Grundsätzlich kann man mit jedem Pferd an der Hand arbeiten. Das Pferd sollte allerdings nicht zu jung sein. Wenn man mit zweieinhalb Jahren mit den hier beschriebenen Übungen beginnt, ist das früh genug. Natürlich kann man auch zu jedem späteren Zeitpunkt anfangen. Schließlich hat nicht jeder ein junges Pferd.

Was den Ausbildungsstand betrifft, gehe ich davon aus, dass wir zumindest ein halterführiges Pferd haben. Ob es bereits den nötigen Respekt und genügendes Vertrauen zu seinem Ausbilder hat, wird sich noch zeigen. Zum Üben eignet sich der Reitplatz. Ein Longierzirkel ist bedingt geeignet, da es keine gerade Bande gibt, die hin und wieder hilfreich ist. Eine Reithalle ist zum Üben besonders gut, da das Pferd hier im Allgemeinen kaum abgelenkt wird. Man darf sich dann aber nicht wundern, wenn etwas woanders nicht sofort so gut klappt wie in der Halle. Überhaupt nicht sinnvoll ist es, auf der Weide zu üben. Dort sollte das Pferd seine Freiheit haben. Außerdem könnten andere Pferde und lockendes Gras erheblich stören.

Die Bodenbeschaffenheit ist je nach Übung einmal weicher, einmal fester ideal. Es gilt, dass für Lektionen, bei denen das Pferd kniet oder liegt, ein weicher Boden sicher angenehmer ist. Das Seitwärtsgehen fällt dem Pferd allerdings leichter in weniger tiefem Untergrund.

Nun noch ein Wort zum Ausbilder. Man braucht eine scharfe Beobachtungsgabe für die Reaktionen seines Pferdes, um einfühlsam mit ihm umgehen zu können. Außerdem sollte der Ausbilder bei allen Problemen mit dem Pferd den Fehler stets zuerst bei sich selbst suchen. Die wichtigsten Eigenschaften dürften Geduld, Ruhe und Konsequenz sein, aber das haben Sie sich vermutlich schon gedacht?!

Natürlich ist auch die Stimmung des Menschen von Bedeutung. Es gibt Tage, an denen sollte man sein Pferd nur putzen oder einen gemütlichen Ausritt machen, statt eine schwierige neue Lektion zu üben!

Bonustipp Jackpot

Freut man sich besonders über eine sehr gute Leistung des Pferdes und möchte dann diese Übung beenden, kann man dem Pferd mit einem Jackpot ein besonders gutes Gefühl vermitteln. Beim Jackpot werden dem Pferd mehrere besonders köstliche Leckerlis direkt nacheinander gereicht. Diese Methode entstammt dem Clicker-Training.

Lob und Tadel

Möchte ich meinem Pferd etwas Neues beibringen, muss ich einen Weg finden, um ihm klarzumachen, was ich will. Das geht nur, indem ich es irgendwie schaffe, eine Reaktion hervorzulocken, die Ähnlichkeit mit dem Gewünschten hat und – jetzt kommt das Entscheidende – sofort wie auch immer lobe. Lob kann verschieden aussehen, es kann eine Leckerei sein, ein Kraulen an der Mähne, ein freundliches Wort oder das Ende der Übung und eine Entspannungspause.

Hat das Pferd verstanden, worum es geht, und führt es seine Übung dann nur schwach oder unter seinen bisher erlernten Möglichkeiten aus, kann die Belohnung auch einmal ausbleiben. Das steigert den Eifer enorm. Tadel halte ich dann für angebracht, wenn das Pferd eindeutig verbotene Handlungen unternimmt, wie zum Beispiel Kneifen, Anrempeln, Wegstürmen oder Ähnliches.

Bonustipp Belohnung

Wann immer eine Belohnung gegeben wird, sollte sie tief gefüttert werden. So entspannt das Pferd die Unterhalsmuskulatur. Außerdem ist es nicht störend, wenn das Pferd einmal diese Position einnimmt, um zu betteln.

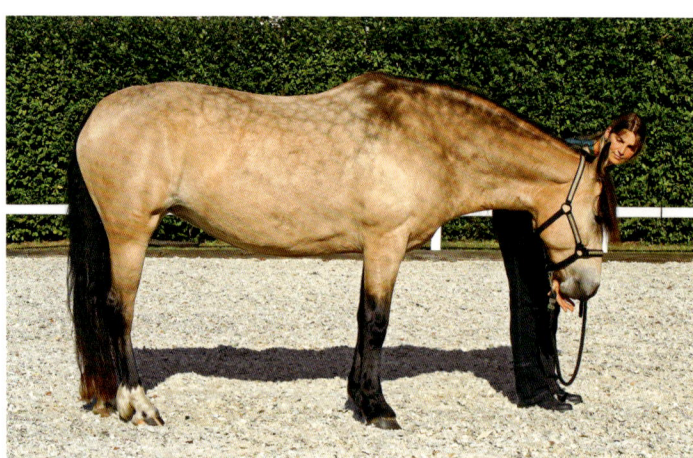

Die Belohnung sollte stets tief gegeben werden, damit der Unterhals locker bleibt und das Pferd etwas Positives mit dieser Haltung verbindet.

Geht das Pferd einmal rückwärts, obwohl es nicht soll, kann es von großer Wirkung sein, das Pferd so lange rückwärtsgehen zu lassen, bis es nicht mehr will und noch ein wenig länger, die sogenannte negative Verstärkung. Das Pferd wird sich wünschen, vorwärtsgehen zu dürfen, und das ist ja nur das, was wir sowieso wollten. Geht das Pferd dann vorwärts, lobt man es zusätzlich, um dieses nun richtige Verhalten zu betonen.

Diese Maßnahme könnte beispielsweise zur Anwendung kommen, wenn das Pferd plötzlich beschließt, irgendwo nicht hingehen zu wollen, wo es sonst immer entlanggeht, wie etwa durch das Auslauftor, weil es dort heute zu matschig ist. Anders ist es in ungewohnten Situationen, die das Pferd erschrecken. Hier sind natürlich Geduld und Verständnis zusammen mit sanfter Konsequenz angezeigt.

Während der Lernphase einer neuen Lektion passiert es häufig, dass das Pferd diese unaufgefordert anbietet. Man sollte dann darüber hinweggehen, das Pferd nicht loben, aber auch nicht strafen. Es ist einerseits erfreulich zu sehen, dass das Pferd die Lektion begriffen und auch Spaß daran hat, andererseits muss es lernen, immer das Kommando dazu abzuwarten. Durch das Ausbleiben des Lobs lernt es dies schneller als durch eine ihm unbegreifliche Strafe. Tadel für etwas, dass das Pferd nicht macht, also Strafe, weil es etwas nicht versteht, halte ich für falsch.

1 Auch ein Kraulen an der Schulter signalisiert dem Pferd: gut so, wir verstehen uns.

2 Amber ist noch etwas unsicher beim Liegen. Ich lobe sie, um ihr zu sagen, dass sie es richtig macht.

Training mittels positiver Verstärkung per Lobwort und Clicker

Wenn ich das vorherige Kapitel lese, 15 Jahre nachdem ich es geschrieben habe, bin ich angenehm überrascht, dass es noch so gut mit meinen heutigen Methoden übereinstimmt. Trotzdem hat sich einiges geändert, oder sagen wir besser, weiterhin verfeinert, denn zum Glück kann auch ich noch dazulernen.

Aus heutiger Sicht ist mir das bisher zum Thema „Loben" Gesagte noch nicht präzise genug. Darum möchte ich es um dieses Kapitel erweitern. Noch vor einigen Jahren hielt ich das Clicker-Training für überflüssig. Schließlich kann man genauso gut mit der Stimme loben, hat sowieso nicht immer den Clicker dabei, und ständig füttern will man auch nicht. Meine Meinung hat sich geändert. Trotzdem, oder gerade deswegen kann ich alle Skeptiker besonders gut verstehen. Wer allerdings einmal ein mittels positiver Verstärkung, speziell dem Clicker-Training, gut ausgebildetes Tier, egal ob nun Pferd oder Hund,

Bonustipp Clickereinsatz

Das Clicker-Training eignet sich nicht nur zum Erlernen von Zirkuslektionen, sondern auch, um gutes Benehmen, wie zum Beispiel das ruhige Stehen am Anbinder, zu bestärken.

Der Moment, der auf dem Foto festgehalten wurde, ist auch genau der richtige Zeitpunkt, um bei dieser Übung auf den Clicker zu drücken.

beobachten durfte, wird seine Meinung ändern. Nichts erscheint unmöglich und die Freude, mit der die Tiere mitarbeiten, ist riesengroß.

Wie wird's gemacht?

Ob nun mit Clicker oder einem speziellen Lobwort trainiert wird, bei beidem muss das Pferd zunächst die Bedeutung kennenlernen. Ich werde im Folgenden vom „Klick" sprechen, der stellvertretend für beides gilt. Ganz wichtig bei diesem System ist die Bedingung, dass jedem Klick eine Belohnung in Form von Futter folgt, kurz gesagt: Klick-Futter. Diese Belohnung sollte klein sein, damit sie vom Pferd schnell verzehrt ist und es nicht lange zum Kauen braucht, beispielsweise ein kleines Leckerli, ein Stückchen Karotte oder Brot.

Man beginnt damit, das Pferd „anzuklicken", das bedeutet, man klickt oder sagt das Wort, worauf sofort unmittelbar die Belohnung folgt. Zunächst ist daran keine Bedingung geknüpft. Das Pferd steht am besten ruhig da, es sollte nicht

betteln oder ungeduldig hin und her zappeln. Dabei ist es Aufgabe des Menschen, einen günstigen Moment zu wählen, um das Pferd nicht korrigieren zu müssen.

Wenn erste Anzeichen bemerkbar sind, dass das Pferd auf den Klick reagiert, ist es Zeit für die nächste Phase. Dieses Anzeichen kann ein Zucken der Ohren sein, ein Ändern der Blickrichtung oder eine andere kleine Reaktion. Das Pferd ahnt nun, dass ein Klick eine positive Bedeutung hat. Man kann nun beginnen, den Klick an eine kleine Bedingung zu knüpfen.

Wählen wir eine einfache Übung: Das Anschubsen eines Balles. Nun wird das Pferd in kleinen Schritten auf den richtigen Weg gebracht. Es ist ein bisschen wie bei dem Spiel „Heiß oder kalt", nur das es kein „kalt" gibt, sondern dann einfach nichts passiert. Schaut das Pferd den Ball an, gibt es „Klick-Futter", als nächstes lobt man das Berühren und als nächstes das Bewegen des Balles.

Die Anforderung kann immer dann gesteigert werden, wenn sich die Reaktion zuverlässig wiederholen lässt. Der richtige Moment zum Loben, also Klicken, ist der Moment, in dem man auch ein Foto von dem Geschehen machen würde, also wenn die Nase am Ball ist! Klickt man zu spät, würde man das Entfernen vom Ball loben, auf dem imaginären Foto wäre dann die Nase nicht mehr am Ball.

Die einzelnen Lernphasen

1 Für das Pferd werden der Klick oder das Lobwort positiv belegt, indem es immer im zeitlichen Zusammenhang Futter erhält.
2 Das Pferd muss erst etwas Bestimmtes tun, um den Klick zu hören und die Belohnung zu bekommen.
3 Das Lobwort oder der Klick dürfen nicht mehr ertönen, ohne dass das Pferd Futter bekommt.

Mögliche Fehler und ihre Folgen

• Klick und Futter liegen zeitlich nicht eng genug beisammen
  ▸ Das Pferd erkennt den Zusammenhang nicht und versteht die Bedeutung des Klicks nicht.
• Es wird zu spät geklickt.
  ▸ Das Pferd versteht nicht, was von ihm erwartet wird.
• Das Pferd mag die Belohnungen nicht.
  ▸ Es gibt sich keine Mühe, etwas für die unattraktive Belohnung zu tun.
• Es wird zu lange geübt.
  ▸ Das Pferd kann sich nicht mehr konzentrieren.
  ▸ Es wird mit zu komplexen Lektionen mit dem Clicker-Training begonnen.
  ▸ Das Pferd versteht die Bedeutung des Klicks nicht, weil die Belohnungsfrequenz zu niedrig ist.

Bonustipp Lobwort

Alternativ zum „Klick" kann ein Lobwort eingesetzt werden. Das Wort hat den Vorteil, dass man dafür keine freie Hand benötigt. Es hat den Nachteil, dass es nicht immer genau gleich klingt, je nachdem, in welcher Stimmung man ist. Das Wort sollte kurz und deutlich sein und nicht ständig im Umgang mit dem Pferd nebenbei genannt werden. Beispiele für praktikable Worte sind: „Super", „Top", „Okay", „Prima".

Die Mitspieler

Zu Beginn des praktischen Teils möchte ich die Pferde vorstellen, die in diesem Buch mitspielen werden. Aus Gesprächen weiß ich, dass es für den Leser interessant ist, etwas über die Pferde zu wissen, die ihm in diesem Buch begegnen.

Eine Frage, die mich gleichzeitig erstaunt und belustigt hat, möchte ich hier wiedergeben. Sie wurde mir an einem Seminartag gestellt, nachdem ich mit meinen Pferden einige Übungen demonstriert hatte. Eine Teilnehmerin fragte mich: „Kann man das auch mit normalen Pferden machen?" Ich halte meine Pferde eigentlich für „normal", und das sagte ich ihr auch.

Viele versuchen, sich durch die Wahl der Rasse und Abstammung einen bestimmten Pferdetyp auszusuchen, aber das ist nicht alles. Wie gut oder schlecht ein Pferd wird, liegt zum größten Teil an seinen Erfahrungen und daran, wie man mit dem Pferd umgeht. Man kann mit jedem Pferd Aufgaben aus diesem Buch einüben. Zu etwas Besonderem wird das Pferd doch gerade durch dieses Training.

Danny

Danny ist das Pferd, mit dem damals alles begann. Er war das erste Pferd in unserer Familie und verbrachte seine alten Tage bei mir. Aufgrund einer Arthrose im Kniegelenk musste er im Alter von 20 Jahren in Rente gehen. Zuvor hatte er etlichen Reitern geholfen, in ihrer Hilfengebung sicherer zu werden, denn Danny machte wirklich nur das, was man ihm sagte.

Auch im Alter hatte er noch einige Aufgaben. Er diente als ruhender Pol für junge Pferde bei deren ersten, kurzen Spaziergängen. Danny würde schon wissen, wovor man sich als Pferd nicht fürchten muss. Neulinge wurden von ihm in die Herde eingeführt und zurechtgewiesen, falls nötig.

Was für ältere Menschen gilt, gilt auch für Pferde: Auch sie können und sollten ab und zu etwas Neues lernen. Den Spanischen Schritt lernte Danny mit fast 20 Jahren und setzte ihn noch lange gerne ein, um ein Stück Brot zu erstehen.

Danny ist 25 Jahre alt geworden. Dann musste er wegen einer Arthrose im Knie, die ihm das Liegen unmöglich machte, eingeschläfert werden.

Gern zeigt Danny den Spanischen Schritt auch ohne Hilfsmittel.

Lucky

Nachdem mein erstes Pony bei einer Kolikoperation gestorben war, musste ich mich auf die Suche nach einem Nachfolger machen. Während der ersten Zeit der Trauer, als der Stall so schrecklich leer war, stellte mir ein guter Bekannter eines seiner Pferde zur Verfügung. So musste ich mich nicht so schnell für ein neues Pferd entscheiden, und es entstand trotzdem nicht diese Lücke im Tagesablauf.

Meine Suche führte mich zu einem Araberzüchter, der einen angerittenen Shagya-Araber zu verkaufen hatte. Ich sah Lucky, als er auf einer schneebedeckten Weide voller Übermut herumtobte, und entschied mich nach dem Probereiten für ihn. Dass mit dem Pferd auch sonst alles in Ordnung war, wussten wir von einer Bekannten, die schon lange bei dem Züchter aushalf, die Pferde zu versorgen. So wechselte Lucky in unseren Stall.

Schon bald merkte ich, dass Lucky sehr menschenbezogen und intelligent war. Hatten wir im Auslauf etwas zu erledigen, gesellte sich Lucky gerne dazu, auch wenn die anderen Pferde weit entfernt standen. Außerdem war er sehr neugierig, öffnete verschiedene Türen und spielte mit diversen Gegenständen, die er zwischen die Lippen bekam. Solch ein Pferd will beschäftigt werden und beginnt sich bei eintöniger Arbeit schnell zu langweilen. Diese Art Pferde lernt zwar schnell, aber sie kann auch leicht verdorben werden, wenn der Mensch nicht auf sie einzugehen weiß.

Mit Lucky war ich 21 Jahre ein gutes Team. Wir haben beide viel dazugelernt. In dieser Zeit wurde er nie von jemand anderem ausgebildet – ich dagegen schon.

Silvester 2000 erlag er einer schweren Kolik aufgrund innerer „Schimmelknoten". Ich werde ihn nie vergessen, auch wenn er sich kein so denkwürdiges Datum ausgesucht hätte.

Mit Lucky habe ich viele schöne gemeinsame Stunden verbracht.

Canadian Amber

Canadian Amber ist eine fünfjährige Morgan-Stute. Sie kam 1991 aus dem fernen Kanada zu mir nach Deutschland. Ihren Züchter hatte ich zuvor auf der Equitana kennengelernt. Er hatte die Idee, die Morgan Horses durch mich in Deutschland bekannter zu machen, und wollte für mich ein gutes Pferd zu Hause in Kanada aussuchen. So kam es, dass ich mein zukünftiges Pferd nur von einem Video kannte, das mir der Züchter vorab geschickt hatte.

Eigentlich wollte ich zu der Zeit gar kein zweites Pferd haben, da Lucky noch nicht so alt war, dass ich unbedingt schon an ein Nachwuchspferd denken musste. Doch nun war die Gelegenheit einfach zu gut. Amber fiel mir nahezu in den Schoß.

Es war schon sehr aufregend, als ich durch den fremden Stall ging und nach dem Pferd Ausschau hielt, das mit mir nach Hause fahren würde. Ich war mir nicht mal mehr ganz sicher, wie es aussah, denn das Video hatte ich nur einmal sehen können. Ich sah eine Stute, die mir besonders gut gefiel. Ich hoffte, dass es dieses Pferd war, das ich mitnehmen würde, und ich war tatsächlich bei dem richtigen stehengeblieben. Wenig später kletterte Amber in meinen Anhänger. Dass sie das so bereitwillig tat, erstaunte mich sehr. Das arme Pferd hatte bereits eine lange Fahrt mit dem Lastwagen zum Flughafen, einen Überseeflug und eine weitere Fahrt in einem großen Pferde-

Voller Stolz schaue ich auf Canadian Amber, die mich von ersten Augenblick an begeistert hat.

transporter hinter sich. Aber auch die letzte Fahrt, bevor sie endlich am Ziel war, konnte ihr nichts anhaben.

Bald stand Amber bei uns im Auslauf, als wäre sie schon immer hier gewesen.

Ihre Kindheit hat Amber in einer großen Herde verlebt. Außer in ihrem ersten Winter, den sie in einem Laufstall verbrachte, war sie ständig draußen auf großen Weiden. Eine schönere Jugend kann man sich für ein Pferd kaum wünschen. Obwohl sie nur wenig Kontakt zu Menschen gehabt hatte, war sie von Anfang an sehr menschenfreundlich und umgänglich, ganz so, wie man es von einem Morgan-Horse erwartet. Ich hatte also die besten Voraussetzungen, mit der Ausbildung zu beginnen, so wie ich es mir für ein junges Pferd vorstelle.

Inzwischen beherrscht Amber schon viele Lektionen der folgenden Kapitel. Sie ist sehr eifrig im Training. Man muss aufpassen, dass man sich nicht dazu verleiten lässt, sie zu überfordern. Damit meine ich mehr die geistige Überforderung durch zu viele neue Lektionen als die körperliche Überanstrengung. Die einzelnen Übungen wären dann nicht genug gefestigt, und das Pferd könnte unsicher und nervös werden.

Ein Pferd, das sehr willig und fleißig mitarbeitet, braucht also viel Aufmerksamkeit und Einfühlungsvermögen des Ausbilders, damit es nicht überfordert und aus dem leistungsbereiten Pferd kein hektisches wird.

Zum Zeitpunkt der Überarbeitung der Pferdeschule, ist Amber 20 Jahre alt. Sie erfreut sich bester Vitalität.

Canyon und Ophir standen bei mir im Stall. Ich kenne sie inzwischen ganz gut, aber lassen wir uns doch von den Besitzerinnen etwas über ihre Pferde erzählen.

Beide Pferde leben nach wie vor bei ihren Besitzerinnen.

Canyon

Regine erzählte damals:

Canyon ist für mich die Erfüllung eines Kindheitstraumes. Seit elf Jahren hatte ich fast täglich mit Ponys und Pferden zu tun. Nachdem alle meine Freundinnen schon lange stolze Pferdebesitzerinnen waren, wollte auch ich mir endlich ein eigenes Pferd anschaffen.

Mein vorletztes Pflegepferd war Danny. Als ich dann eine Hannoveraner Stute, die ich ein Jahr lang ganz für mich alleine hatte, schwersten Herzens wieder abgeben musste, habe ich angefangen, nach Canyon zu suchen:

Ich hatte keine genaue Vorstellung, wie er sein sollte, welche Rasse, welche Farbe. Allerdings wünschte ich mir ein möglichst quadratisches, kompaktes Pferd mit ungefähr 150 cm Stockmaß. Leider war das genau das, was zu dieser Zeit alle Pferdebesitzer in spe zu suchen schienen.

Nachdem ein Favorit bei der Ankaufsuntersuchung durchgefallen war, erhielt ich einen heißen Tipp von unserem Hufschmied. Großpferdezüchter in der Nähe wollten einen 4-jährigen, 150 cm großen Fuchswallach unbekannter Rasse verkaufen, den sie einmal als Gesellschaftsfohlen bekommen hatten. Noch bevor das Pferd in der Zeitung inseriert wurde, fuhr ich los, um es mir anzusehen.

Die Gegebenheiten schienen mir günstig. Mit vier Jahren war er alt genug, dass ich bedenkenlos anfangen konnte, mit ihm zu arbeiten. Dass er noch ungeritten war, erschien mir dabei als Vorteil.

Canyon machte einen umgänglichen Eindruck und hatte nach Aussage der vertrauenswürdigen Besitzer eine sorglose Jugend verbracht.

Ein Pferd wie Canyon würde sich Regine immer wieder aussuchen.

Etwas leichtsinnig kaufte ich Canyon ohne Ankaufsuntersuchung, eine Stunde nachdem ich ihn das erste Mal gesehen hatte. Ich konnte mich aber zumindest auf die Aussage unseres Hufschmiedes berufen. Er kannte das Pferd schon länger und versicherte, dass die Beine und Hufe in Ordnung seien.

Diese Aufregungen liegen heute vier Jahre zurück. Canyon ist inzwischen acht Jahre alt und scheint nie erwachsen werden zu wollen. Er ist sehr neugierig, steckt überall seine Nase 'rein – kein Mülleimer am Bushaltestellenschild ist vor ihm sicher –, buddelt tiefe Löcher im Auslauf und vieles mehr. Leider hat er sich – wahrscheinlich bei solchen Erforschungen – hin und wieder völlig unerklärlich auch schon unschön verletzt. Man kann in seiner Gegenwart nichts liegen lassen – es muss einfach alles untersucht werden.

Wenn er ausgelassen herumtobt, schlenkert er den Hals wie eine Schlange. Sogar beim Ausreiten ist er am langen Zügel in jeder Gangart dazu in der Lage, mit der Nase mein Knie zu berühren und dabei nicht vom Wege abzukommen. Trotzdem hat er noch nie so gebockt, als wolle er mich abwerfen.

Manchmal denke ich, dass ich mich noch viel häufiger über diesen Glückskauf freuen könnte.

Ophir

Ellen erzählte damals:

Ophir kenne ich, seit er vier Monate alt war. Er ist das Fohlen meines ehemaligen „Pflegepferdes" in einem Fjordpferdegestüt, in dem ich ein halbes Jahr gearbeitet habe. Die ersten eineinhalb Jahre seines Lebens (bis zu seiner Kastration) verbrachte Ophir im Stall und auf der Weide zusammen mit seiner Mutter und anderen Stuten mit Fohlen bzw. mit anderen Junghengsten.

Zu diesem Zeitpunkt merkte man schon, dass er sich so seine eigenen Gedanken zu dem machte, was gerade passieren sollte. Er war (und ist oft noch) ein Sturkopf, dem man aber nicht lange böse sein kann. Zu „Extras" ist er nur bereit, wenn für ihn etwas dabei herausspringt oder wenn er – durch arglistige Täuschung – davon zu überzeugen ist, dass er sowieso genau das tun möchte, was man von ihm erwartet.

Jetzt ist Ophir seit sieben Jahren bei mir und wird im Offenstall mit Auslauf und Weidegang gehalten. In dieser Zeit zeigte sich, dass er außer stur auch neugierig und bereit ist – für Leckerchen versteht sich – neue Sachen zu lernen.

Schon früh ging ich zusammen mit einer Freundin, die eine gleichaltrige Stute hat, mit Ophir spazieren. Bis heute ist das ein Abenteuer geblieben, da er manchmal zu heftigen Begeisterungsausbrüchen neigt und außerdem am liebsten jedes Pferd, dem wir begegnen, begrüßen möchte.

Auf dem Platz lernte er, auf Stimmkommandos und andere Zeichen anzuhalten, anzutreten und zu traben, seitwärts zu gehen, über Stangen zu treten und sich von der Ungefährlichkeit bedrohlich

Nicht immer steht Ophir so brav neben Ellen.

wirkender Gegenstände zu überzeugen. Im Laufe der Zeit gewöhnte
sich Ophir daran, dass ab und zu irgend etwas auf seinem Rücken
lag: Decken – Sättel – Menschen.

Da war der Schritt zum Draufsetzen sehr klein und für ihn keine
Überraschung. Außerdem kannte er verschiedene Stimmkomman-
dos schon vom Spielen auf dem Platz, sodass das Anreiten keine
Probleme bereitete.

Ophirs erstes Kunststück war „Eimer anreichen". Nach dem Fressen schubste er immer seinen Futtereimer hin und her. Das machte
ziemlich viel Lärm, sodass ich mir überlegte, wie man diese „Unart"
in geregelte Bahnen lenken könnte. Allmählich brachte ich Ophir
dazu, mir den Eimer anzureichen, wenn er fertig gefressen hatte.
Für das Abgeben gab es dann ein Leckerchen. Einmal stand jemand,
der mit den Pferden sonst nichts zu tun hatte, neben ihm, als er auf-
gefressen hatte. Kurz darauf kam er mit leicht verwirrtem Gesichts-
ausdruck und dem Eimer in der Hand zu mir und meinte: „Den hat
er mir gegeben…"

Sparkling Smarties

Nachdem Smartie auch in der DVD zur Pferdeschule zu sehen
ist, hielt ich es für eine gute Idee, ihn nun auch in der neuen
Auflage des Buches mitspielen zu lassen. Es wäre auch wirklich
schade, ihn mit seiner schönen Ausführung verschiedenster
Lektionen dem Leser vorzuenthalten.

Diese Übung ist ganz nach Smarties Geschmack.

Susanne erzählt:

Sparkling Smarties ist genau wie Canyon eine Empfehlung unseres Hufschmiedes. Und genau wie Canyon ist er ein wirklicher Glücksgriff. Nur im Gegensatz zu Regine habe ich mir nicht schon lange ein Pferd gewünscht, denn ich bin eher ein Späteinsteiger.

Smartie ist 1992 geboren, kam mit drei Jahren zu mir und wir beide haben das, was wir können, von Nathalie gelernt. Er ist ein sehr kooperatives Pferd, lernt schnell und leicht, sowohl am Boden als auch unter dem Sattel. Gerne zeigt Smartie seine Lektionen, er ist gut über Futter zu motivieren, aber das ist nicht sein einziger Antrieb, er möchte beschäftigt werden, man merkt ihm immer an, dass er es richtig machen will.

Sparkling Smarties ist sehr liebenswürdig, leider mit mir zusammen nicht der Nervenstärkste, weswegen wir versuchen, ihm und mir aufregende Veranstaltungen zu ersparen.

In der Herde zeigt er sich so wie auch dem Menschen gegenüber: Verspielt, freundlich, weder draufgängerisch noch zu zurückhaltend. Smartie beherrscht mittlerweile sehr viele Zirkuslektionen, aber die Clicker-Methode ermöglicht es uns, noch mehr Ideen zu Lektionen zu formen. Dus Erlernen der Lektion „Nichts tun" war für ihn zwar schwierig, aber für uns beide ein Schlüsselerlebnis. Ich bin sehr gespannt, was er in den nächsten zehn Jahren alles lernen wird.

Lukka

Die Zeit vergeht und so kam es, dass ich mich so langsam nach einem Nachwuchspferd umsehen wollte. In dieser Zeit sprach ich mit Bent Branderup, der von einer Pferderasse erzählte, mit der einige seiner Trainer in den skandinavischen Ländern bereits gute Erfahrungen gemacht hätten. Es handelte sich um die Kaltbluttraber, eine Rasse, die aus den Dölepferden entstanden war. Ich begann, mich im Internet zu informieren, knüpfte ein paar sehr nette Kontakte, und um die Geschichte abzukürzen: Heute wohnt eine würdige Vertreterin dieser Rasse namens Lukka bei mir.

Lukka kam mit zweieinhalb Jahren zu uns. Sie war ganz leicht mit dem Sulky antrainiert. Zum Glück war das Training noch nicht zu intensiv, denn das hätte ihrer Karriere als Reitpferd eher im Weg gestanden. Wenn man nun denkt, als Kaltblut ist sie bestimmt etwas langsam und dickfällig, weit gefehlt. Lukka ist sehr wach und leistungsbereit. Sie reagiert auf die kleinsten Zeichen. Dabei hat sie stets gute Nerven. Trotzdem kann es auch mal zu einem kurzen Temperamentsausbruch kommen. Plötzlich steht sie auf dem Abreiteplatz bei einer Messe auf zwei Beinen neben einem oder springt im Gelände eine fröhliche Kapriole. Ihr Bedürfnis nach Bewegung ist eben sehr groß. Mit sechs Jahren steht sie noch am Anfang ihrer „Karriere".

Das alles waren keine außergewöhnlichen Geschichten, aber gerade das ist es ja. Der eine oder andere wird sich und sein Pferd vielleicht ein bisschen wiedererkannt haben. Wir kennen die Schwächen und Stärken unserer Pferde oder sollten sie kennen. Je mehr wir uns mit den Pferden beschäftigen, desto vertrauter werden wir mit ihnen. Und dennoch: Finden wir nicht gerade unser Pferd außergewöhnlich?!

Lukka ist zwar ein Kaltblüter, hat aber extrem viel Bewegungsdrang.

Die Ausrüstung

Die meiste Zeit reichen ein normales Halfter und eine Gerte als Ausrüstung völlig aus. Bei vielen zirzensischen Übungen würde mehr als das nur stören. Etwas anders ist es bei einigen gymnastizierenden Lektionen. Es kommt dabei auf Temperament und Sensibilität des Pferdes an.

Auf alle Fälle ist zu vermeiden, dass das Pferd ständig im Halfter hängt. Drängelt mein Pferd zum Beispiel beim Seitwärtsgehen stark nach vorne, empfiehlt es sich, mit Führkette oder Kappzaum zu arbeiten, je nachdem, womit man vertraut ist.

Für das Anreiten eignet sich als Zäumung gut eine dünne Wassertrense, ein sogenanntes „Snaffle Bit", das eine leicht dem Pferdemaul angepasste Form haben sollte, damit es den Unterkiefer nicht einklemmt und nicht gegen den Gaumen drückt. Dünn soll sie sein, damit das Pferd das Maul nicht zu voll hat und sich die Trense selbst zurechtlegen kann.

Von den Sätteln halte ich den Westernsattel für den sinnvollsten zum Einreiten. Er ist für den Reiter sicher. Das Horn dient zum Festhalten in brenzligen Situationen und zum Aufhängen der Zügel und anderer Gegenstände. Die Auflagefläche ist groß und bequem für das Pferd. Die Bügel hängen ruhig herunter. Aber es muss nicht unbedingt ein Westernsattel sein. Jeder kann für sich entscheiden, welcher Sattel für seine Zwecke am praktischsten und bequemsten ist.

Die Gerte ist ein wichtiges Utensil unserer Ausrüstung. Sie sollte ca. 120 cm lang sein und weder zu weich noch zu hart. Ist die Gerte zu weich, gerät ein Schlag leicht zu scharf, da das Ende unerwartet schwingt. Mit einer zu harten Gerte könnten die Berührungen zu ruckartig ausfallen, und das Pferd würde davor zurückweichen. Bei einigen Übungen ist die Schnur an der Gertenspitze zum Kitzeln nützlich.

1 In manchen Fällen ist die Verwendung einer Führkette nach Linda Tellington-Jones sinnvoll.

2 Zum Anreiten ist eine dünne Wassertrense geeignet, an die das Pferd behutsam gewöhnt werden muss.

3 Für viele Übungen reicht ein normales, nicht zu locker sitzendes Halfter völlig aus. Zum Führen benutze ich einen Strick ohne Panikhaken. Halfter mit einem beweglichen Ring benutze ich auch ohne Kette gerne.

Die Berührung mit der Gerte ist für Amber keine Strafe und bereitet ihr kein Unbehagen.
Zum Anreiten ist eine dünne Wassertrense geeignet, an die das Pferd behutsam gewöhnt werden muss.

Wer mit dem Clicker arbeiten möchte, sollte ihn immer griffbereit zur Hand haben. Es gibt für diesen Zweck Armbänder oder Clips mit einem ausziehbaren Seil.

Nicht zu vergessen ist eine praktische Unterbringung der Belohnungshappen. Eine Gürteltasche eignet sich dafür gut.

In den einzelnen Kapiteln wird wenn nötig nochmals auf die sinnvolle Ausrüstung eingegangen,

Wenn wir nicht auf dem Pferd sitzen, sondern auf dem Boden stehen, sieht unser Repertoire an Hilfen etwas anders aus.

Die Hilfen

Die Stimme

Sie hat beim Umgang mit Pferden eine große Bedeutung. Gerade bei der Ausbildung an der Hand ist sie sehr wichtig. Oft bietet sie die einzige Verständigungsmöglichkeit mit unserem Pferd. Man sollte sie einsetzen, wann immer es möglich ist. Sie kann beruhigend, aufmunternd, ermahnend und lobend wirken. Manche Übungen werden nach der Lernphase nur auf ein stimmliches Kommando ausgeführt.

Als treibende Hilfe kann die Stimme oft alle anderen möglichen Hilfen ersetzen oder sogar besser wirken, da sie das Pferd in diesem Moment weniger stört als beispielsweise unruhige Schenkel oder eine Berührung mit der Gerte an der womöglich falschen Stelle. Eventuell braucht man seine Arme und Beine auch gerade für etwas anderes, und der Lektion fehlt nur ein wenig mehr Vorwärts oder Pep. Ein Zungenschnalzen wirkt dann Wunder.

Bonustipp Stimme

Aber Achtung! Solange das Pferd eine Übung noch nicht sicher beherrscht, ist ein Stimmkommando keine Hilfe und sollte noch nicht benutzt werden.

Lucky reagiert auf meinen Zuruf und beginnt mit dem Kompliment. Die Stimme ist hier zu der wichtigsten Hilfe geworden.

Aber Vorsicht! Auch gegen eine achtlos eingesetzte Stimme kann ein Pferd abstumpfen. Ständiges, ungezieltes Schnalzen wirkt nicht anders als ständig klopfende Schenkel. Die beruhigende Wirkung der Stimme ist sicher jedem bekannt. Man sollte sich allerdings manchmal fragen, ob der Mensch sich selbst oder sein Pferd beruhigt. In schwierigen Situationen macht man oft erst durch seinen „beruhigenden Singsang" das Pferd darauf aufmerksam, dass etwas Außergewöhnliches vonstatten geht. Viele neigen dazu, dann anders als sonst mit dem Pferd zu reden.

Ein gutes Beispiel dafür ist der Tierarztbesuch. Ist der Tierarzt da und möchte das Pferd abtasten, wird sofort damit angefangen, unsicher und beschwichtigend auf das Pferd einzureden. Manche skeptischen Pferde denken dann sofort, dass bestimmt irgend etwas Unangenehmes geschieht, obwohl es sich vielleicht nur um harmloses Abtasten handelt. Also in solch einem Fall lieber mit fester Stimme die normalen Kommandos wie zum Beispiel „Steh" geben und bei guter Führung auch einmal loben.

Etwas anderes ist es natürlich, wenn das Pferd bereits aufgeregt ist. Dann kann die beruhigende Stimme noch gute Dienste leisten.

Vor der Stimme als Strafe können die Pferde großen Respekt haben. Man sollte darauf achten, nur in besonderen Fällen die Stimme zu erheben.

Es ist nützlich, für verbotene Dinge ein bestimmtes Wort zu benutzen, wie beispielsweise „Nein" oder „Na". Es nützt nichts, mit seinem Pferd in ganzen Sätzen oder Fragen zu reden, wie etwa „Beiß doch nicht immer in den Strick!" oder „Sollst du so etwas Böses machen?" Auch negierte Sätze kann ein Pferd nicht verstehen. Geht es einmal seitwärts statt rückwärts, ist es nicht sinnvoll zu sagen: „Nicht seitwärts!". Dadurch würde das falsche Kommando auch noch wiederholt werden. Besser ist es, das Pferd anzuhalten und das richtige Kommando zu geben.

Bei den Kommandos muss man aufpassen, dass man Klangähnlichkeiten vermeidet. Mir ist aufgefallen, dass „Scheeritt" und „zurück" häufig verwechselt werden. Ich benutze für das Rückwärtsgehen ein kurzes, energisches „weg", der Westernreiter würde „back" sagen.

Kommandos, die ich häufig brauche, wähle ich möglichst kurz, für andere kann man aber auch mehrere Silben benutzen. Das Lob mit der Stimme ist noch eine weitere Einsatzmöglichkeit. Man sollte hierfür ein oder wenige bestimmte Wörter wählen, etwa wie „gut" oder das weich und lang gesprochene „brav", die das Pferd mit der Zeit sehr gut versteht und dann sofort weiß, dass es auf dem richtigen Weg ist.

Die Stimme ist also ein sehr nützliches und für beide Seiten angenehmes Hilfsmittel. Mir ist nicht klar, warum sie bei Turnieren nicht eingesetzt werden darf. Es wäre doch nichts Unfaires dabei, denn jeder könnte mit seinem Pferd reden. Dann das Richtige zu tun, muss das Pferd schließlich auch erst einmal gelernt haben.

Übersicht über Kommandos für verschiedene Lektionen
Nun gibt es die „Pferdeschule" schon eine ganze Weile und ich werde immer wieder gefragt, welche Kommandos sich für welche Übung eignen. Gerne will ich dazu einige Ideen liefern. Tatsächlich gibt es Worte, die sich für die eine Lektion aufgrund ihres Klangs besser oder schlechter eignen. Natürlich kann trotzdem jeder benutzen, was er möchte. So bekomme auch ich immer wieder neue Anregungen. Was kann aber noch alles ein Kommando sein. Nicht nur Worte werden einem Pferd als Kommando erkannt. Es kann auch ein Fingerzeig, eine bestimmte Körperhaltung oder das Zeigen eines Gegenstandes als Kommando aufgefasst werden. Wer hat nicht schon selber zu seinem Pferd gesagt: „Ich hab doch noch gar nichts gesagt", wenn es vermeintlich zu früh mit einer Lektion begonnen hat.

Denkt man dann einmal genau nach, kann man herausfinden, was das auslösende Kommando war. Vielleicht war es das Hinlegen vom Ball, was das Pferd als „Roll den Ball" verstanden hat oder es war das Hinführen zum Podest, was das Pferd als „Steig dort hinauf" aufgefasst hat. Nach genauem Nachdenken lässt sich fast immer das auslösende „Kommando" entschlüsseln. Hat man es ersteinmal erkannt, kann damit wesentlich besser umgegangen werden. Wir müssen uns also nicht auf Worte beschränken und können gut auch Gesten und Symbole als Information für das Pferd nutzen.

Hier nun eine Übersicht für geeignete Worte. Bei jedem Pferd ist darauf zu achten, dass es keine ähnlichen Kommandos bekommt, die es zu leicht verwechseln kann. Oft lassen sich die Worte auch gut mit einer Geste unterstützen oder sogar ganz ersetzen.

Ideen für passende Stimmkommandos

Stehen	Halt, Steh, Woh
Kommen	Hier
Rückwärts	Zurück, Weg, Back
Seitwärtstreten	Seit
Hinterhandwende	Wende, Kehrt
Vorhandwende	Geh rum
Verbeugen	Verbeugen
Kompliment	A genoux, Merci, Danke
Knien	Knien, s.o.
Liegen	Down
Sitzen	Sitzen
Aufheben	Apport, Nimm's
Beine kreuzen	Kreuzen
Bergziege	Zusammen
Podest	Hoch, Stufe

Die Gerte

Die Wirkung der Gerte kann ganz verschieden sein. Auf keinen Fall sollte es dazu kommen, dass das Pferd Angst vor der Gerte hat. Je nach Situation kann die Berührung mit der Gerte eine treibende, eine abbremsende oder auch eine die Aktion verstärkende Hilfe sein. Sie kann für das Pferd das Anheben eines

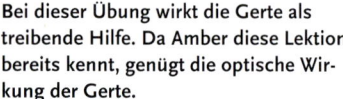

Bei dieser Übung wirkt die Gerte als treibende Hilfe. Da Amber diese Lektion bereits kennt, genügt die optische Wirkung der Gerte.

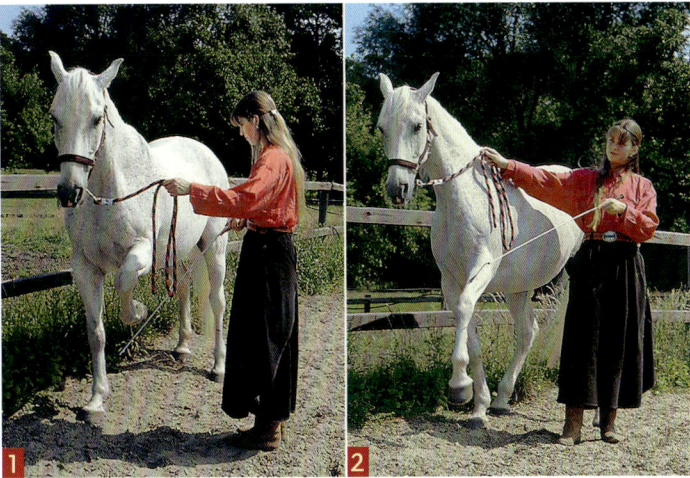

1 Hier benutze ich die Gerte, um eine bestimmte Stelle am Pferdebein zu berühren. Lucky hat gelernt, dass er sein Bein dann anheben soll.

2 Mit der Gerte kann ich Lucky signalisieren, dass er sein Bein nach vorne ausstrecken soll.

Beines oder das Einknicken eines Beines mit anschließendem Abstützen auf dem Boden bedeuten. Man kann die Gerte auch benutzen, um dem Pferd die Richtung zu weisen, in die es gehen soll. Durch die verschiedenen Stellen am Körper, an denen das Pferd berührt wird, entstehen unterschiedliche Bedeutungen. Man kann die Gerte dabei aufwärts oder abwärts einsetzen, mit kurzen, schnellen Vibrationen oder mit ruhigem Druck oder auch nur als optische Hilfe.

   Wie man sieht, ist also Gertenhilfe nicht gleich Gertenhilfe. Die Gerte stellt ein sehr nützliches Hilfsmittel dar, das keinesfalls mit Bestrafung gleichgesetzt werden darf. Auf den jeweiligen Einsatz der Gerte wird in den einzelnen Lektionen genauer eingegangen.

1 An dieser Stelle wird die Gerte eingesetzt, wenn sie als Hilfe für die Verbeugung dienen soll.

2 Lucky fürchtet sich nicht vor der Gerte, auch wenn sie über ihm durch die Luft saust.

1 Je nach Lektion kann die Körperhaltung ganz verschieden sein. Wenn ich neben dem Pferd hergehe, um einen Seitengang zu üben, soll sie aufrecht sein und souverän wirken.

2 Geht man selbst ruhig und sicher etwas mit in die Hocke, scheint das Pferd weniger Bedenken zu haben, sich hinzulegen.

Die Körperhaltung

Die eigene Körperhaltung hat eine erstaunlich starke Wirkung auf das Pferd. Bei allen Übungen, bei denen ich neben dem Pferd hergehe, muss ich darauf achten, stets aufrecht zu bleiben. Geht man leicht gebückt oder vornübergebeugt, wirkt das unsicher. Das Pferd drängelt eher und fühlt sich überlegen. Man müsste andere Hilfen verstärken, um die fehlerhafte Körperhaltung auszugleichen. Ich möchte aber mit möglichst geringen Hilfen arbeiten.

Dagegen beuge ich mich hinunter bei Übungen, bei denen das Pferd dem Erdboden näher kommt. Ich versuche mit dem Pferd auf einer Ebene zu bleiben, um ihm so zu signalisieren, um welche Art von Lektion es gerade geht.

Geht man weiter vorne am Pferd, das heißt, deutlich vor dessen Schulter, wirkt das leicht abbremsend. Geht man hinter der Schulter des Pferdes, wirkt das beschleunigend. Meine Position zum Pferd ist also ebenfalls enorm wichtig. Trete ich dem Pferd in den Weg, sollte es stets anhalten.

Weiterhin hat auch meine Stellung zum Pferd eine Bedeutung, ob ich ihm beispielsweise den Oberkörper zu- oder abwende. Bei den einzelnen Übungen wird darauf nochmals hingewiesen.

Grundsätzlich ist darauf zu achten, sich nie auf ein Gedrängel mit dem Pferd einzulassen.

Es ist in jedem Fall stärker, was es möglichst nie erfahren sollte. Kommt mir das Pferd beim Führen zu nahe, halte ich es mir mit dem Gertengriff, einem Finger oder dem Ellbogen vom Leibe. Der Körperkontakt ist nur gestattet, wenn er von mir ausgeht oder ich es ausdrücklich erlaube. Bei Pferden untereinander wäre es nicht anders. Sich einem Ranghöheren zu nähern, ist nur mit dessen Erlaubnis gestattet.

Der Führstrick

Bei den Lektionen auf der Stelle spielt die Zäumung eine sehr untergeordnete Rolle. Hat das Pferd das ruhige Stehen erst einmal gelernt, brauchen keine Hilfen mehr mit dem Halfter oder Kappzaum gegeben zu werden.

Ich empfehle zum Führen auch eine Führkette, wenn das Pferd zum Stürmen neigt. Bei der Einwirkung mit dem Führstrick oder der Kette kommt es darauf an, dass nicht ständig an dem Pferd gezogen werden muss, wobei der Kraftaufwand immer größer wird. Lieber einmal ein kräftiger Ruck als permanentes Gezerre, gegen das das Pferd mit der Zeit noch weiter abstumpft.

Macht das Pferd das, was ich von ihm möchte, sollte die Einwirkung möglichst gering gehalten werden.

Die Position des Pferdekopfes ist häufig von großer Bedeutung. Da wir vom Boden aus meistens in der Nähe des Kopfes sind, müssen wir von dort aus oft die Bewegung des ganzen Pferdes steuern. Wie das möglich ist, wird jeweils für die einzelnen Fälle beschrieben (als Beispiel dazu siehe auch Abbildungen Seite 57 unten).

Die ersten Hilfen mit den Zügeln werden im Kapitel „Die Gewöhnung an die Trense" (Seite 71) gesondert erklärt.

Natürlich ist nur das geschickte Zusammenspiel aller Hilfen von Erfolg gekrönt.

1 Durch die Position des Pferdekopfes kann ich die Richtung bestimmen, in die sich das Pferd bewegen soll. Ich drehe Ambers Kopf nach links, damit ihre Hinterhand nach rechts schwenkt.

2 Bei der Hinterhandwendung kann man gut das Zusammenspiel von Körperhaltung, Gertenhilfe und geschicktem Führen erkennen. Zusätzlich darf das entsprechende Kommando mit der Stimme nicht fehlen.

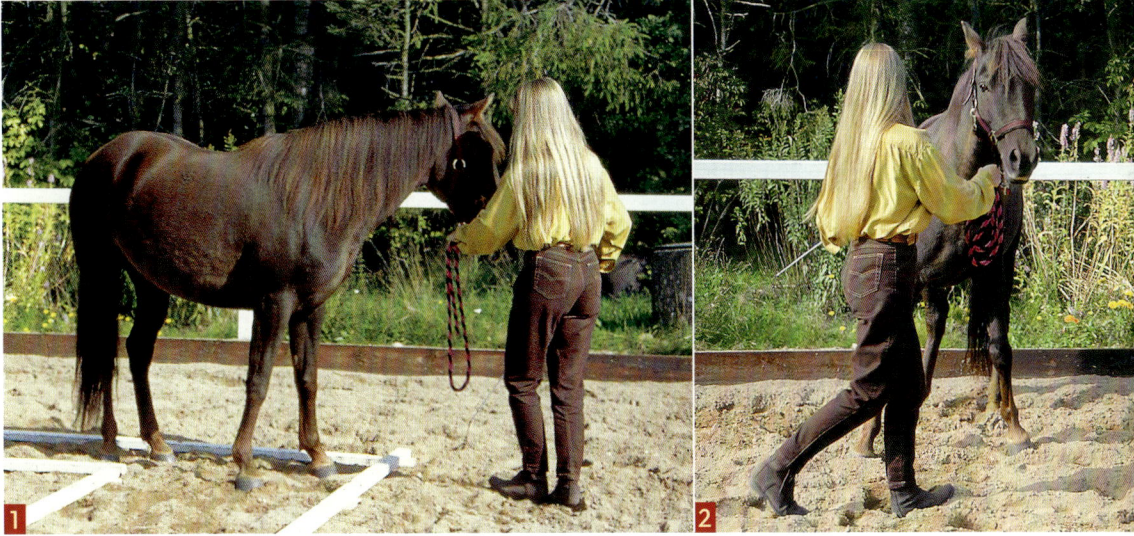

Die Grundlektionen

Nachfolgend werden einige Übungen beschrieben, die den Umgang mit dem Pferd am Halfter erleichtern und die Voraussetzungen für die weitere harmonische Zusammenarbeit von Mensch und Pferd bilden. Beim Trainieren der einzelnen Übungen sollte man sich an die im Buch vorgegebene Reihenfolge halten, da die Lektionen im Wesentlichen aufeinander aufbauen.

Ich habe versucht, die Übungen so zu entwickeln, dass ein ausgewogenes Verhältnis von Respekt und Vertrauen zwischen Mensch und Tier entsteht. Auch der Mensch sollte sein Pferd respektieren und mit dessen Bedürfnissen und Stimmungen nicht achtlos umgehen. Ebenso wichtig ist es, dem Pferd auch vertrauen zu können. Wie sollte sonst manch eine schwierige Lektion begonnen werden oder ein harmonischer Ausritt stattfinden können?

Mein Pferd muss also die nun folgenden Grundlektionen beherrschen, bevor ich mich neuen Aufgaben zuwende.

Das ruhige Stehen

Auf einer Stelle ruhig zu stehen, und zwar solange der Ausbilder es möchte, ist für viele Aufgaben eine unerlässliche Vorübung für das Pferd. Der gesamte Umgang mit dem Pferd wird enorm erleichtert, wenn das Pferd auf Befehl frei stillstehen kann.

Ein Reitlehrer sagte einmal zu einem Schüler: „Wenn das Pferd beim Aufsteigen nicht stehenbleibt, brauchen wir gar nicht erst anzufangen." Wie oft habe ich das gedacht, wenn ich die „Tretrollerfahrer" beim Aufsteigen beobachtet habe. Es ist eine schlechte Voraussetzung für konzentriertes Mitmachen des Pferdes, wenn es nicht von Anfang an richtig bei der Sache

1 Das Pferd sollte jederzeit so lange ruhig stehenbleiben, wie es von ihm verlangt wird. Die Gerte verhindert ein Ausbrechen nach innen.

2 Übt man das Stehen in der Mitte der Bahn, hält man die Gerte nicht seitlich neben das Pferd. Es könnte sonst sein, dass das Pferd zu der Seite ausweicht, auf der es keine Begrenzung hat.

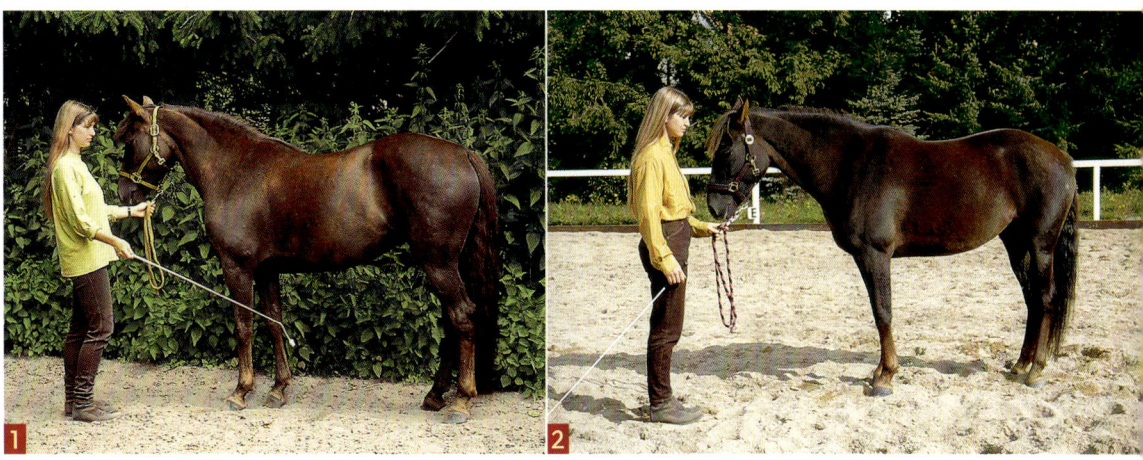

Bonustipp Aufsteigen

Ich habe es mir bei jedem Pferd zur Gewohnheit gemacht, nach dem Aufsteigen für gutes Stehenbleiben immer ein Leckerli zu reichen. Das Pferd wartet so gerne auf eine Aufforderung zum Antreten und ist von Anfang an bei besserer Laune, als wenn es zunächst Zügelzug spürt und ungeduldig wartet.

Ein Leckerli nach dem Aufsteigen ist pferdefreundlich und effektiv, um ruhiges Stehenbleiben zu erreichen.

Bonustipp Stillstehen

Um das Pferd am Drängeln und Loslaufen in unsere Richtung zu hindern, gibt es eine einfache Maßnahme. Das Pferd sollte sein Gewicht stets mehr auf das von uns abgewandte Vorderbein verlagern. So lässt sich die Absicht loszugehen durch eine Gewichtsverlagerung in unsere Richtung frühzeitig erkennen und kann durch ein einfaches Schlenkern des Führstricks leicht verhindert werden.

ist. Es sollte ruhig stehenbleiben und auf eine Aufforderung zum Antreten warten.

Der Reiter muss auch am Boden schon der Chef sein, der bestimmt, ob etwas erlaubt ist oder nicht. Die Rangordnung bietet dem Pferd eine Orientierung, die gleichzeitig Sicherheit bedeutet. Verwirrt wird das Pferd, wenn es einmal der Ranghöhere und einmal der Rangniedere ist. Dies wäre aber der Fall, wenn man dem Pferd beim Aufsteigen seinen Willen lässt, sobald man oben sitzt, aber bestimmen möchte.

Viele der folgenden Übungen, zum Beispiel das einzelne Anheben der Beine, sind unmöglich, wenn das Pferd nicht ruhig stehen kann. Im Zusammenhang mit diesem Kapitel sollte das Kapitel über das Rückwärtsgehen gelesen werden.

Wie wird's gemacht?

Zunächst übt man das Anhalten und Stehenbleiben aus dem Schritt auf dem Hufschlag. Um anzuhalten, gibt man das entsprechende Kommando, zupft am Führstrick und hält, falls nötig, die Gerte dem Pferd auf Augenhöhe in den Weg. Man sollte die Gerte nicht auf Brusthöhe des Pferdes benutzen, wegen der später ähnlichen Hilfe zum Spanischen Schritt. Weiterhin hat das Pferd die Gerte auf Brusthöhe bereits mit Kopf und Hals überquert, wodurch die Hilfe an Deutlichkeit verliert.

Um das Stehenbleiben zu üben, dreht man sich nach dem Anhalten zum Pferd um und nimmt den Strick in die linke und die Gerte in die rechte Hand, wenn wie üblich von links geführt wird. Sobald das Pferd unruhig wird und vorwärtsdrängelt, lässt man es einige Schritte zurückgehen und bleibt erneut eine Weile stehen.

Drängelt das Pferd mit seiner Schulter in die Richtung des Menschen, muss es unbedingt davon abgehalten werden. Dazu kann man ihm den Griff der Gerte gegen die Schulter stupsen. Gegen diesen relativ punktuellen Druck wird sich das Pferd nicht so lehnen, als wenn man es zu einem Körperkontakt kommen lassen würde. Das Pferd sollte nie dazu kommen, seine wirkliche Kraft gegen den Menschen auszuprobieren.

Die Dauer des Stehens kann allmählich gesteigert werden. Bei Ungeduld des Pferdes kann immer wieder auf das Rückwärtsgehen zurückgegriffen werden. Das muss in aller Ruhe geschehen, ohne dass der Ausbilder die Geduld verliert.

Steht das Pferd gelassen auf dem Hufschlag, wird auch frei in der Bahn geübt, ohne die Anlehnung an die Bande. Funktioniert das gut, übt man, das Pferd bei dieser Übung auch von rechts zu führen.

Jetzt ist Zeit für die nächste Phase: das Stehen, ohne dass das Pferd festgehalten wird. Man lässt den Halfterstrick auf den Boden hängen (der Westernreiter nennt das „ground tying"). Das Pferd soll so das Gefühl haben, es sei angebunden. Allmählich entfernt man sich immer weiter von seinem Pferd, kehrt dann aber wieder zu ihm zurück.

Wie bei allen anderen Übungen ist es auch bei dieser nötig, das Pferd aus der Übung zu entlassen. Der Ausbilder muss schon auf kleine Zeichen des Pferdes achten und darf nicht abwarten, bis es keine Lust mehr hat und die Übung von selbst abbricht. Man geht also zu dem Pferd zurück und fordert es zum Mitkommen oder zu einer anderen Lektion auf, nachdem man es für das Stehenbleiben gelobt hat.

Folgt einem das Pferd, obwohl es am Ort bleiben sollte, macht man einen ruckartigen Schritt in Richtung Pferd, um es

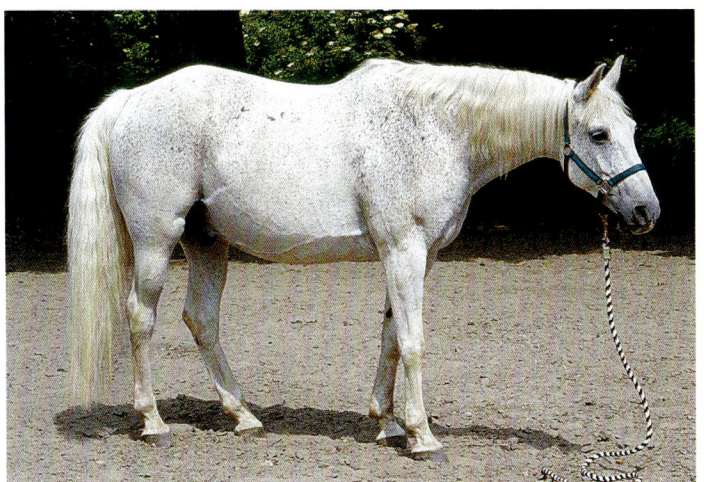

„Ground tying" – Lucky glaubt, er wäre angebunden.

davon abzuhalten. Zusätzlich wiederholt man das bereits bekannte Kommando zum Anhalten. Die Lektion „Stehen" am Halfter muss zu diesem Zeitpunkt bereits völlig sicher sein.

Bei empfindlichen Pferden genügt zum Üben ein einfaches Halfter. Bei weniger sensiblen Pferden benutzt man für diese Lektion ein Halfter mit Führkette, um ein Kräftemessen mit dem Pferd zu vermeiden.

Das Herbeirufen des Pferdes wird in einem anderen Kapitel beschrieben. Erst einmal muss das Stehen völlig sicher sein.

Die einzelnen Lernphasen

1 Das Pferd wird auf dem Hufschlag mit einem Zupfen am Halfter und dem entsprechenden Kommando zum Stehen unter Zuhilfenahme der Gerte durchpariert.

2 Das Pferd soll eine Weile auf dem Hufschlag stehenbleiben. Der Ausbilder dreht sich zu ihm um, damit er mit der Gerte das seitliche Wegdrängeln verhindern kann. Geht das Pferd unerlaubt vorwärts, muss es rückwärts wieder an seinen Platz.

3 Das Stehen wird in der Bahnmitte ohne Bande geübt. Das Führen wird bei dieser Lektion auch von der rechten Seite trainiert.

4 Auf das Festhalten des Pferdes wird verzichtet. Der Strick hängt auf den Boden.

5 Von Mal zu Mal kann man sich weiter und länger von dem Pferd entfernen, aber man muss immer wieder zurückkehren, um die Übung zu beenden und natürlich, um zu belohnen.

Mögliche Fehler und ihre Folgen

• Das Anhalten wird nicht konsequent geübt. Der Ausbilder ist unruhig und unsicher, er nimmt sich keine Zeit, das Stehen zu üben.
  ▸ Das Pferd hampelt und steht nicht gelassen, bis ein neues Kommando erfolgt.
• Der Ausbilder lässt sich auf ein Kräftemessen beim Drängeln mit Körperkontakt ein.
  ▸ Das Pferd wahrt nicht den respektvollen Abstand zum Menschen und lässt sich dadurch nicht an einem Ort fixieren.
• Mit dem Stehen ohne Festhalten wird begonnen, obwohl das Pferd noch nicht sicher auf das Kommando zum Anhalten hört.
  ▸ Das Pferd reagiert nicht, wenn man es aus der Ferne ermahnt, weiterhin stehenzubleiben.
• Der Ausbilder vergisst, zum Pferd zurückzugehen, um die Übung zu beenden.
  ▸ Das Pferd wird verunsichert und bricht irgendwann die Übung von alleine ab. Das nächste Mal wird es nicht auf das Ende warten.

Das Rückwärtsgehen

Gerne wird das Rückwärtsrichten als respektverschaffende Maßnahme eingesetzt. Sicher ist es wichtig, das Pferd so zu erziehen, dass es zurückweicht, wenn ich, verbunden mit einem Zupfen am Halfter, auf es zugehe, aber es gibt noch andere Aufgaben des Rückwärtsgehens. Es verbessert die diagonale Fußfolge. Weiterhin schult es das Auge und Gefühl des Menschen darin, zu erkennen, welches Bein als nächstes bewegt wird.

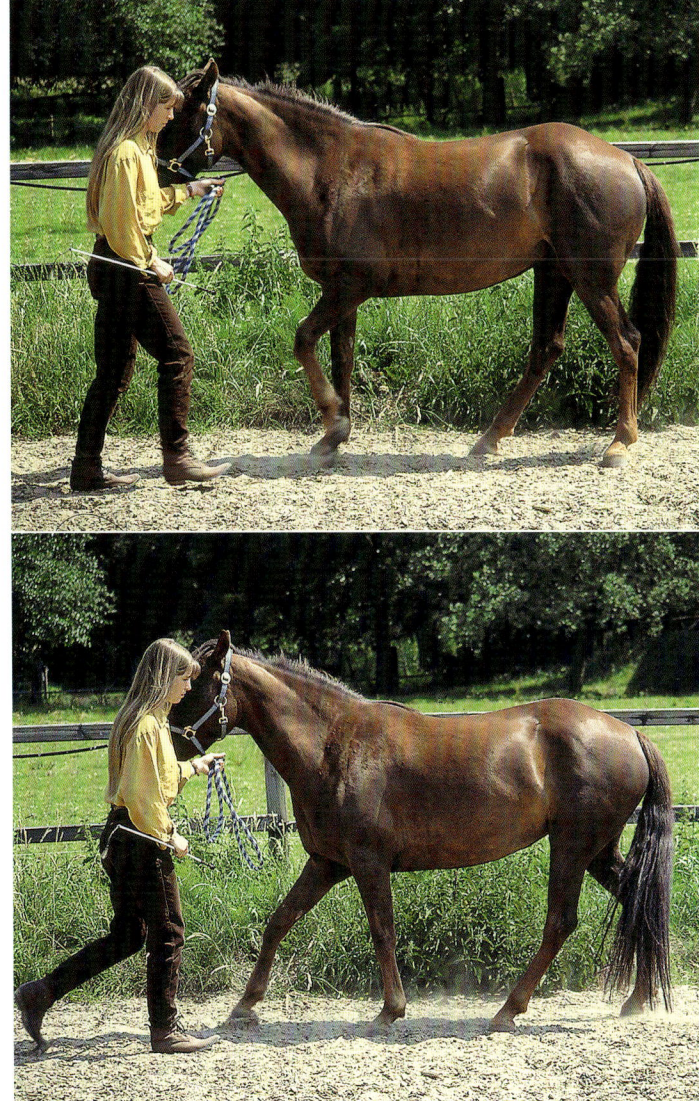

Leichtes Zupfen am Halfter und die Bewegung auf das Pferd zu genügen, um es zurückweichen zu lassen. Dabei geht der Ausbilder auf Kopfhöhe des Pferdes. Die Gerte könnte eingesetzt werden, um ein Ausbrechen der Hinterhand nach innen zu verhindern. In diesem Fall ist das nicht nötig. Pferd und Ausbilder sind gut aufeinander abgestimmt und gehen im Gleichschritt.

Wie wird's gemacht?

Das Rückwärtsgehen lässt sich zu Beginn am besten an der Bande üben. Man stellt sich so neben das Pferd, dass man dessen Kopf neben sich hat und Richtung Hinterhand blickt. Aus dieser Position kann man die Richtung, in die das Pferd rückwärtsgeht, am besten bestimmen. Dabei nimmt man noch die Gerte zu Hilfe, die waagerecht und seitlich parallel zum Pferdekörper gehalten wird und dort eingesetzt werden kann, um ein Ausweichen der Hinterhand zu verhindern.

Wird das Pferd jetzt mittels Stimme oder einer leichten Gertenhilfe zu einer Bewegung aufgefordert und man dabei mit seinem Körper und einem Rucken am Halfter – bei einigen Pferden genügt ein Zupfen – den Weg nach vorne versperrt, bleibt dem Pferd nur noch ein Ausweg, und zwar der nach hinten. Die Bande und die Gerte hindern das Pferd an einem seitlichen Ausbrechen. Gleichzeitig sagen wir das Kommando, das für das Rückwärtsgehen benutzt wird.

Geht das Pferd an der Bande gerade und willig nur oder fast nur auf Stimme rückwärts, kann auch ohne Anlehnung geübt

Zwischen zwei Stangen geht Chief schön gerade rückwärts.

werden. Um die Richtung zu korrigieren, drückt oder zieht man den Kopf des Pferdes jeweils in die Richtung, in die auch die Hinterhand des Pferdes schwenkt, man steuert sozusagen gegen. Dieses Steuern mit dem Hals und Kopf des Pferdes ist oft die wichtigste Richtungskorrektur.

Natürlich beginnt auch diese Übung mit kleinen Schritten, das heißt, anfangs genügen wenige einzelne Schritte, und das Pferd wird gelobt. Wichtig ist, stets so weit rückwärtszurichten, wie der Ausbilder es vorhat, und nicht, wie das Pferd gerade Lust hat. Man sollte das gerade bei rüpeligen Pferden immer wieder üben.

Die Aufmerksamkeit des Pferdes für die Bewegungen seines Ausbilders beim Führen wird gesteigert, indem man anhält, das Kommando zum Rückwärtsgehen gibt und selbst rückwärtsgeht, ohne sich dabei umzudrehen. Das Pferd sollte dann zurückweichen, spätestens nachdem es durch ein leichtes Rucken am Halfter dazu aufgefordert wurde. Für diese Übung sollte das Pferd das Rückwärtsgehen bereits willig ausführen.

Das so verlangte Rückwärtstreten findet auch in der Herde statt. Geht ein ranghohes Pferd rückwärts auf ein anderes zu, weicht dieses aus, es sei denn, es ist ranghöher. Oft konnte ich beobachten, dass häufiges, ruhiges, konsequentes Rückwärtstreten die Konzentration, Aufmerksamkeit und Willigkeit des Pferdes für die anschließend folgende Beschäftigung an der Hand steigert.

Geht ein Pferd aus Unwillen rückwärts, lasse ich es sehr lange zurückweichen. Es wird dann froh sein, endlich wieder vorgehen zu dürfen, und hoffentlich vergessen haben, dass es das ja gar nicht wollte. So könnte ein unnötiger Kampf vermieden werden.

Eine weitere Einsatzmöglichkeit des Rückwärtsgehens ist, die Kontrolle eines bestimmten Beines oder Beinpaares zu trainieren. Man geht dazu immer nur einzelne Schritte zurück. Sehr bald wird man lernen, an der Stellung der Beine zu erkennen, welches sich bewegen wird. Das diagonale Abfußen lässt sich fördern, indem man das Pferd immer einen Schritt zurück- und wieder vortreten lässt. Dabei sollte das Pferd das jeweils diagonale Beinpaar gleichzeitig bewegen. Hierbei sind Geschick und Feingefühl des Menschen gefragt, um genau einen Schritt zu treffen und nicht zwei oder einen zu kleinen, bei dem das Hinterbein nicht ausreichend bewegt wird.

Um beim Rückwärtsgehen ein williges und gut gelauntes Pferd zu erhalten, hilft häufiges Loben kombiniert mit wenig Druck.

Für viele Trailaufgaben brauchen wir ein ruhiges und williges Rückwärtsgehen.

Bonustipp Rückwärtsgehen

Es gibt Pferde, die nicht gerne an der Bande stehen oder rückwärts gehen. Sie fühlen sich von ihr bedrängt. Mit ihnen trainiert es sich leichter in der Bahnmitte. Zwei parallele Stangen mit circa einem Meter Abstand auf dem Boden können als Orientierung dienen.

Die einzelnen Lernphasen

1 Man beginnt, das Rückwärtsrichten an der Bande zu üben. Dabei dreht man sich zu dem Pferd um, sodass man dessen Hinterhand im Blick hat. Bricht die Hinterhand zur Seite aus, steuert man dagegen, indem man den Kopf des Pferdes etwas in diese Richtung lenkt und mit der Gerte die Hinterhand begrenzt.

2 Nach anfangs nur wenigen Schritten können auch einige Meter rückwärtsgegangen werden. Man sollte sich bald nur dann zufriedengeben, wenn das Pferd gerade, willig und nicht nur zögernd rückwärtsgeht. Das Loben nicht vergessen!

3 Einzelne Schritte eines Beinpaares vor und zurück können geübt werden.

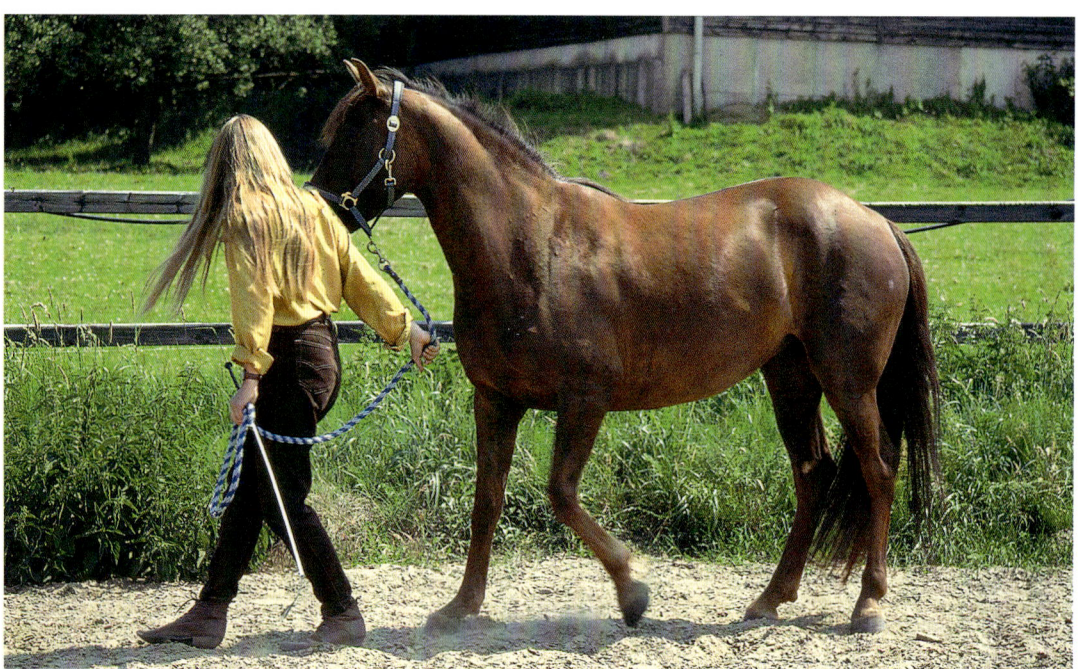

Aufmerksam beobachtet Amber den Menschen. Mein Rückwärtsgehen und ein Zupfen am Halfter signalisieren ihr: Zurück! Sie hat den Menschen als „Leittier" akzeptiert.

Mögliche Fehler und ihre Folgen

• Das Pferd wird ständig nur mühsam rückwärtsgezogen und -gezerrt, statt dass einmal mit ein paar kräftigen Rucken, wenn nötig mit einer Führkette, energisch durchgegriffen wird.
  ▸ Das Pferd wird nicht willig und am lockeren Strick rückwärtsgehen.
• Das Rückwärtsgehen wird nur als Strafe angewendet.
  ▸ Das Pferd geht verspannt und schlecht gelaunt zurück.
• Bei gutem Rückwärtsgehen wird das Loben vergessen.
  ▸ Das Pferd verliert die Motivation, willig rückwärts zu gehen.

Das Heranrufen des Pferdes

Man sollte sein Pferd während des Trainings auch aus einiger Entfernung zu sich heranrufen können. So behält man auch auf Distanz die Aufmerksamkeit des Pferdes. Bei dieser Übung hat man außer einer gewissen Beeinflussung durch die Körpersprache nur die Stimme zur Verfügung, um auf das Pferd einzuwirken. Gelingt die Übung, ist das ein guter Beweis für das richtige Verhältnis von Respekt und Vertrauen. Ein Pferd, das seinem Menschen traut, wird gerne freiwillig zu ihm kommen, wenn er es ruft und es sich angesprochen fühlt. Hat es nur Respekt und kein Vertrauen, wird das Pferd lieber die sichere Entfernung wahren, auch wenn es vielleicht weiß, dass das nicht verlangt ist.

Zuvor sollte das Pferd unbedingt das freie Stehen gelernt haben, das bereits beschrieben wurde. Beginnt man schon vorher mit dieser Lektion, wird es schwierig werden, das Pferd vom Hinterherlaufen abzuhalten.

Wie wird's gemacht?

Wir stellen unser Pferd irgendwo mitten auf den Reitplatz oder in die Halle. Ein Rasenplatz ist nicht zum Üben geeignet. Die Bedingungen wären zu sehr erschwert, da das Pferd ständig fressen wollen würde.

Hat man das Pferd abgestellt, entfernt man sich einige Schritte, nachdem man dem Pferd die Anweisung zum Stehenbleiben gegeben hat. Für das Pferd müssen die Unterschiede zwischen dem Mitgehen, dem Stehen und dem Herankommen klar werden. Aus der Entfernung, die anfangs sehr klein sein kann, spricht man das Pferd mit seinem Namen und einem Kommando zum Herankommen an, wie etwa „Lucky, hier". Zusätzlich lockt man mit einem Leckerbissen, der natürlich für das Pferd zunächst das einzig Interessante ist.

Kommt das Pferd auch bei geringer Entfernung nicht, muss man ihm entgegengehen, bis es auf das Leckerli reagiert und es dann ein paar Schritte mitnehmen. Kommt man dann zu der Stelle, an der man vorher gestanden hat, kann das Pferd dort belohnt werden.

Diesen Vorgang wiederholt man am ersten Tag so oft, bis man den Eindruck hat, dass das Pferd sich angesprochen fühlt oder es sogar ein paar Schritte entgegenkommt. Bereits bei der ersten kleinen Reaktion, gibt es eine Belohnung. Schon bald wird das Pferd gerne in unsere Richtung schauen und kommen.

Immer ist darauf zu achten, dass das Pferd erst losgeht, wenn es dazu aufgefordert wurde, und nicht schon vorher. Bewegt es sich doch früher, wird es in aller Ruhe wieder auf den alten Platz gestellt, das Kommando zum Stehen gegeben, und die Übung beginnt von Neuem.

1   Mit einem Kommando mache ich Lucky klar, dass er stehenbleiben soll.

2   Aufmerksam beobachtet Lucky, wie ich mich von ihm entferne.

3|4   Erst auf mein Kommando kommt Lucky wieder zu mir her.

5   Auch ein Streicheln über Stirn und Augen kann eine Belohnung sein.

6   So behilft man sich, wenn einem das Pferd immer gleich hinterherläuft:

7   Man streicht mit der Hand über den Rücken nach hinten ...

8   ... und entfernt sich erst dann.

9   Behält das Pferd seinen Ausbilder aufmerksam im Auge, ist das ein gutes Zeichen.

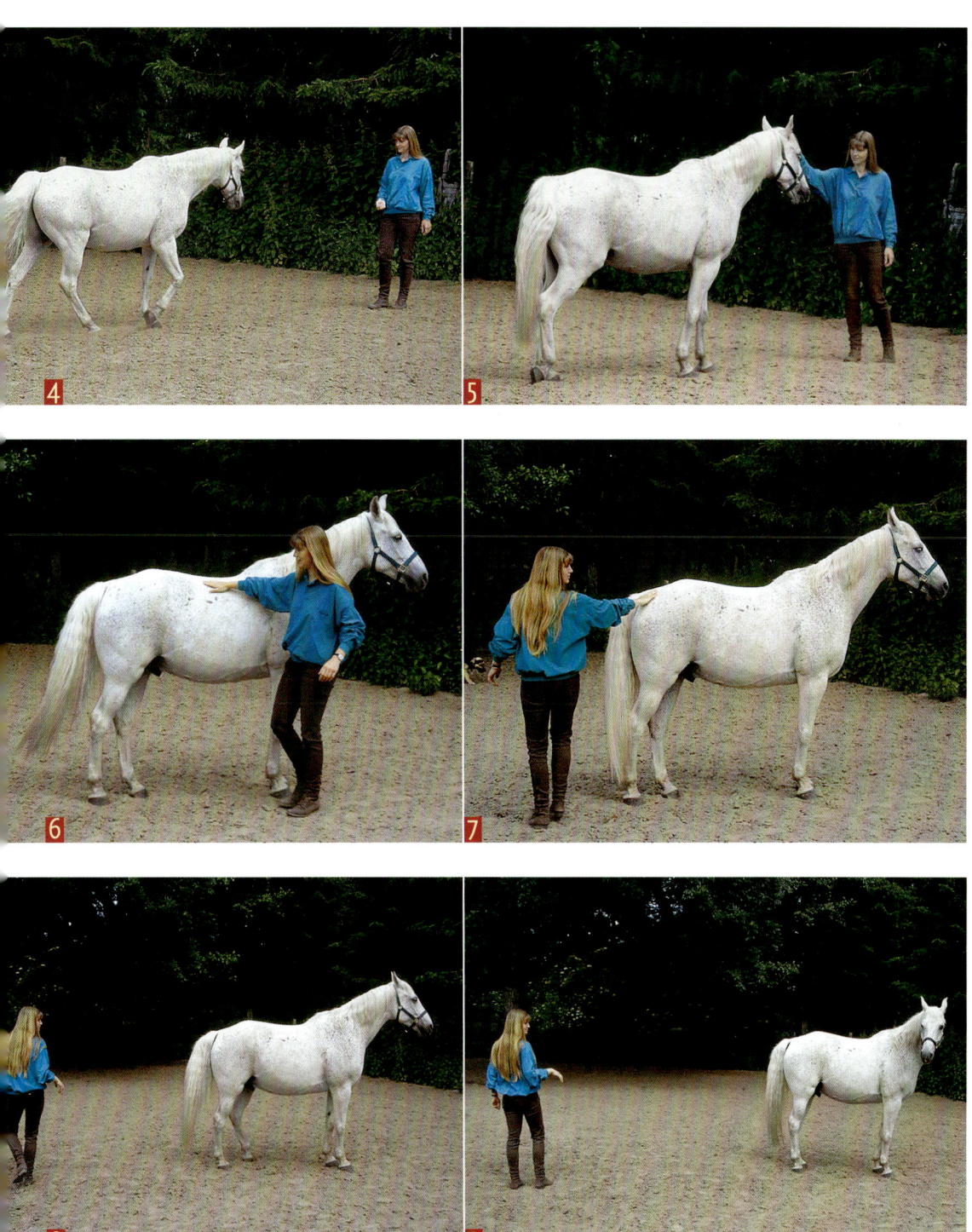

Ich entferne mich immer ein wenig seitlich von dem Pferd. Es wird dann nicht so leicht zum Hinterherlaufen verleitet. Läuft das Pferd doch immer mit, sollte man mit einer Hand über den Rücken bis zur Kruppe streichen und sich erst dann entfernen. Meist funktioniert dieser Trick.

Kommt das Pferd zuverlässig heran, nachdem es dazu aufgefordert wurde, kann man die Entfernung vergrößern und in jede beliebige Richtung gehen. Stets ist das Pferd zu belohnen, wenn es willig herangekommen ist.

Während der Lernphase einer neuen Übung neigen die Pferde dazu, diese ständig unaufgefordert anzubieten.

Darum sollte man sich ab und zu vom Pferd entfernen und wieder zu ihm zurückkehren, ohne es herbeizurufen. Bleibt es artig stehen, wird es dafür gelobt. Diese Maßnahme verhindert, dass das Pferd unaufgefordert hinterherläuft.

Die Möglichkeit, sein Pferd abstellen und heranrufen zu können, hat auch einen praktischen Nutzen. Wenn ich ein Tor öffnen oder eine Schubkarre zur Seite schieben muss, kann ich mein Pferd „parken" und anschließend zu mir rufen.

Die einzelnen Lernphasen

1 Das Pferd wird aus kurzer Entfernung mit seinem Namen und einem Kommando gerufen und zusätzlich mit einem Leckerli gelockt. Man muss das Pferd noch zu der Stelle holen, von der aus man gerufen hat.
2 Das Pferd fühlt sich angesprochen, guckt in die Richtung des Ausbilders.
3 Das Pferd kommt heran, wenn man es ruft.
4 Das Pferd bleibt stehen, solange es soll, und kommt dann, wenn es gerufen wird. Es hat gelernt, die beiden Kommandos zu unterscheiden.
5 Das Pferd kann aus jeder Richtung über den ganzen Reitplatz herangerufen werden.

Mögliche Fehler und ihre Folgen

- Die Übung „Stehenbleiben" sitzt noch nicht sicher.
  ▶ Es ist nicht möglich, sich vom Pferd zu entfernen, ohne dass es einem nachläuft.
- Während der Übungsphasen wird vergessen, auch einmal zu dem Pferd zurückzugehen, ohne es zu rufen.
  ▶ Das Pferd verlernt das Stehenbleiben, weil es von dem neu gelernten Herankommen so begeistert ist.
- Das Pferd wird nur mit seinem Namen und keinem weiteren Kommando gerufen.
  ▶ Es setzt den Namen mit der Aufforderung zum Kommen gleich.

Auch solche Lektionen erfordern Konzentration. Bevor das Pferd ermüdet oder sich langweilt, sollte man aufhören.

Gymnastizierende Übungen

Viele Lektionen kann das Pferd leichter erlernen, wenn der Ausbilder vom Boden aus auf es einwirkt. Das gilt sowohl für junge als auch für steife und schlechttrittige Pferde. Das Pferd ist nicht durch das Reitergewicht belastet. Der Ausbilder kann zusätzlich eine möglichst eindeutige Körpersprache einsetzen. Dadurch werden von dem Pferd weniger Transferleistungen gefordert als für die Umsetzungen der reiterlichen Hilfen. Es begreift schneller, was von ihm verlangt wird, und ist williger. Das spätere Training der Lektionen unter dem Reiter wird erleichtert. Zu diesen Lektionen gehören das Seitwärtsgehen und die Wendungen auf der Stelle sowie deren Anwendung im Trail.

Seitengänge an der Hand

Schulterherein

Das Schulterherein unter dem Reiter kann sehr schön an der Hand vorbereitet werden. Das Pferd kann so das Überkreuzen seiner Beine lernen, ohne das Reitergewicht ausbalancieren zu müssen. Besonders wenn auch der Reiter in dieser Lektion ungeübt ist, empfiehlt es sich, am Boden zu beginnen.

Die Vorteile des Schulterhereins liegen in seiner gleichzeitig lockernden und versammelnden Wirkung. Das barocke Schulterherein wird mit so viel Abstellung ausgeführt, dass Vorder- und Hinterbeine jeweils überkreuz treten. Die Abstellung ist das Ausmaß, in dem das Pferd schräg gestellt wird. Dabei verläuft durch das Pferd eine Längsbiegung. Nimmt man das Pferd nach links vom Hufschlag herunter, wäre es linksgebogen und würde mit den linken Beinen vor die rechten treten. Das Pferd geht also mit den Vorderbeinen auf einem zweiten inneren Hufschlag und ist zur Bahnmitte leicht gebogen. Durch diese Übung werden die Schultern gelockert, da das Pferd mit dem inneren Vorderbein überkreuz vor das andere Vorderbein treten muss. Das innere Hinterbein tritt weiter unter die Mitte des Pferdekörpers als beim Geradeausgehen, allerdings nur, wenn die Abstellung vom Hufschlag so gewählt ist, dass das Bein auch noch nach vorne und nicht nur seitwärts unter den Bauch tritt. Dann wäre es zu stark abgestellt.

Im ruhigen Schritt ausgeführt, wirkt diese Lektion entspannend und erfordert eine langsame Dehnung der Muskeln.

Wie wird's gemacht?

Wenn man auf der linken Seite des Pferdes geht, führt man mit der linken Hand und umgekehrt. Die Gerte wird in der freien Hand gehalten. Dieses Führen wird als „zwischen den Händen führen" bezeichnet. Je nachdem, wie leicht das Pferd zu führen

Amber im Schulterherein. Der Ausbilder geht auf Schulterhöhe des Pferdes mit, bleibt dabei aufrecht und im gleichmäßigen Abstand zum Pferd. Die Gerte wird zum Treiben eingesetzt, dabei kann sie, wie hier, schon als optische Hilfe genügend Wirkung haben. Deutlich erkennt man, wie weit das innere Hinterbein unter die Körpermitte des Pferdes tritt. Um die Situation stets richtig einschätzen zu können, sollte man aber nicht nur wie gebannt auf die Hinterbeine starren.

Durch das Geraderichten des Pferdes zum Hufschlag hin wird das Anhalten aus dem Schulterherein eingeleitet.

Das Pferd wird auf dem Hufschlag angehalten, dabei wird die Gerte abgesenkt.

Bonustipp Schulterherein

Entscheidend für das Maß der Biegung ist die Einwirkungsrichtung über das Halfter. Der Kopf darf nicht zur Seite gezogen werden. Muss das Pferd zurückgehalten werden, wirkt man Richtung Pferdebrust am Halfter ein.

Mit der Hand in Richtung Pferdebrust, kann das Pferd gebremst werden, ohne seine Biegung zu verstärken.

Um zu verhindern, dass sich das Pferd im Schulterherein zu stark nach innen biegt, wird der Kopf des Pferdes am Backenstück des Halfters nach außen gedrückt.

ist, wird ein Halfter oder ein Kappzaum benutzt. Außerdem hat sich die Kombination von Halfter und Führkette bewährt. So lernt das Pferd, auch ohne Trense präzise auf die Anweisungen des Ausbilders zu reagieren, ohne seine Kraft gegen den Menschen einzusetzen.

Einigen Pferden fällt es leichter, mit der Übung am Hufschlag zu beginnen, andere gehen besser auf der offenen Seite des Zirkels seitwärts. Man sollte sich für den Anfang das Einfachere aussuchen, später aber beides üben.

Wir gehen im Schritt auf Schulterhöhe neben dem Pferd her. Der Kopf des Pferdes wird am kurz gefassten Führstrick etwas nach innen genommen, und mit der Gerte wird in waagerechter Position getrieben. Gleichzeitig erfolgt ein Kommando. Der Gerteneinsatz erfolgt mit kurzen vibrierenden Berührungen an Rumpf und Hinterhand, nicht drückend oder mit einzelnen, scharfen Schlägen. Weicht das Pferd aus, reicht es aus, die Gerte in der entsprechenden Position zu halten.

Der Strick sollte so kurz gehalten werden, dass man, wenn man die Hand hebt, das Pferd mit der Faust am Kopf auf Höhe des Backenstücks nach außen drücken kann. Diese Korrektur ist nötig, wenn sich das Pferd zu weit nach innen dreht.

Geht das Pferd zu schnell, muss die führende Person weiter vorne gehen. Geht das Pferd zu langsam, bleibt man weiter hinten an der Schulter, um dem Pferd auf keinen Fall den Weg zu versperren. Man sollte in jedem Tempo einen gleichmäßigen Rhythmus beibehalten und nur die eigene Schrittlänge variieren.

Dem Pferd darf nicht erlaubt werden, zu drängeln oder auf Körperkontakt zu gehen. Man setzt dagegen das stumpfe Ende

Hält man das Pferd zurück, wenn das innere Hinterbein in der Luft ist, wird es stärker seitwärts treten.

Falsch! Der Strick ist zu lang angefasst. Das Pferd will den Hufschlag verlassen und ist zu stark gebogen.

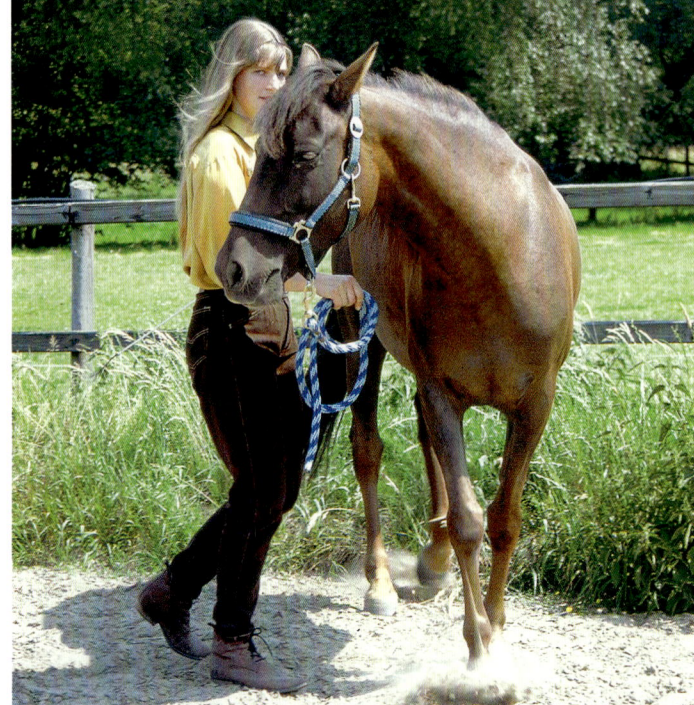

Das ist die Folge des Fehlers: Die Hinterhand schwenkt nach außen weg, man kann nicht mehr mitgehen. Das Pferd bleibt stehen oder läuft um einen herum. Amber ist mit der Situation unzufrieden und hebt den Kopf.

der Gerte an der Schulter des Pferdes ein. Zieht das Pferd nach vorne, versucht man, es mit kurzen, ruckartigen Paraden davon abzubringen.

Bei der eigenen Körperhaltung ist darauf zu achten, stets aufrecht zu gehen und so Selbstsicherheit auszustrahlen. Während man seinen Oberkörper dem Pferd zuwendet, geht man stets vorwärts und nicht rückwärts. Soll das Pferd mit den Hinterbeinen am Hufschlag bleiben, muss man selbst genau parallel dazu gehen und nicht in die Bahnmitte abdriften. Der Ausbilder sollte das ganze Pferd im Auge behalten, um die Biegung und Kopfhaltung des Pferdes sowie frühzeitige Anzeichen von Unwillen zu erkennen. Je früher eine Korrektur erfolgt, desto geringer muss diese ausfallen. Soll die Übung beendet werden, geht man etwas weiter vor und richtet zuerst Kopf und Hals des Pferdes so gerade, dass es auf dem Hufschlag geht. Das Anhalten erfolgt auf dem Hufschlag, da sonst das Pferd anfangs dazu neigt, mit der Hinterhand auszuweichen. Sitzt die Lektion sicher, sollte auch das Halten und Antreten in der Schulterhereinbiegung geübt werden. Es fördert die Durchlässigkeit und ist eine gute Kontrolle, ob das Pferd wirklich auf die Hilfen achtet. Während des Haltens wird die Gertenspitze auf den Boden gesenkt, damit unser Pferd weiß: Jetzt ist Pause.

Die Sportlichen unter uns können diese Lektion natürlich auch im Trab üben, aber erst, wenn sie im Schritt sicher klappt. Später beim Reiten hat sich diese Mühe dann gelohnt.

Die einzelnen Hilfen

1. Der Ausbilder geht auf Schulterhöhe des Pferdes, von der linken Seite führt die linke Hand, die Gerte wird in der rechten Hand gehalten.
2. Die eigene Haltung ist aufrecht, der Oberkörper dem Pferd zugewendet.
3. Die Gerte wird waagerecht treibend eingesetzt. Beim Anhalten wird sie abgesenkt.
4. Mit der Stimme gibt man das Kommando zum Seitwärtsgehen, treibt oder bremst ab.
5. Mit der Hand biegt man den Hals des Pferdes nach innen oder drückt den Kopf falls nötig nach außen.

Mögliche Fehler und ihre Folgen

- Der Ausbilder geht zu weit vorne am Pferd.
  - ▸ Er versperrt dem Pferd optisch den Weg, es geht nicht mehr willig weiter.
- Der Führstrick wird zu lang gelassen.
  - ▸ Das Pferd läuft um den Menschen herum, lässt sich schlecht dirigieren und verbiegt den Hals zu stark zur Seite.
- Die Gerte wird zu stark und zu lange eingesetzt.
  - ▸ Das Pferd stürmt nach vorn oder wird unwillig.

Bonustipp Seitwärtstreten

Um das seitliche Untersetzen des inneren Hinterbeins Richtung Schwerpunkt zu verbessern, bremst man das Pferd in dem Moment ab, wenn dieses innere Hinterbein in der Luft ist. Es wird dann nicht nach vorne, sondern zur Seite gesetzt. Diese Hilfe ist wesentlich effektiver als verstärktes Treiben mit der Gerte.

- Die Gerte wird zu zaghaft eingesetzt.
  - ► Das Pferd reagiert nicht, die Gertenhilfe muss ständig gesteigert werden, statt dass man sie nach einmal verstandener Bedeutung minimieren kann.

Volltraversale

Eine weitere Seitwärtsbewegung, die sich gut an der Hand üben lässt, ist die Volltraversale. Die volle Traversale ist eine reine Seitwärtsbewegung. Das kreuzende Vorder- oder Hinterbein muss vor dem anderen Vorder- oder Hinterbein entlang gesetzt werden und nicht dahinter.

Die Lektion wird gerne im Trail verlangt. Dort gibt es häufig Aufgaben, bei denen über einer auf dem Boden liegenden Stange seitwärts gerichtet werden muss. Die Traversale ist eine gute Übung für den späteren Schenkelgehorsam, der jetzt noch durch die Gerte ersetzt wird.

Wie wird's gemacht?

Man stellt sich auf Kopfhöhe des Pferdes, um den Weg nach vorne zu versperren, Blickrichtung zur Hinterhand. Soll das Pferd nach rechts seitwärts gehen, steht man etwas weiter an dessen linker Seite und hält den Strick mit der linken Hand.

Die Gerte wird in der Waagerechten in ihrer ganzen Länge leicht klopfend benutzt. Geht das Pferd nach vorne, ruckt man am Halfter und stellt sich in den Weg. Geht das Pferd zur Seite, geht man mit kleinen Seitwärtsschritten mit, sodass der Hals des Pferdes gerade bleibt und sich nicht seitlich verbiegt. Der Strick sollte dabei kurz gefasst sein. Die Gerte muss erst wieder eingesetzt werden, wenn das Pferd stehenbleiben will. Ansonsten genügt sie als optische Hilfe. Zum Anhalten wird die Gerte gesenkt, und man tritt vor das Pferd. Hält das Pferd trotzdem nicht an, wird die Gerte auf der anderen Seite zum Abbremsen eingesetzt, und der Strick wird in die andere Hand genommen. Nicht zu vergessen sind die stimmlichen Kommandos, eines für das Seitwärtstreten und eines für jegliches Anhalten.

Für den Anfang kann man mit der Übung ein Stück neben dem Hufschlag beginnen und dann auf dem Hufschlag halten. So wird vermieden, dass das Pferd ungewollt noch weiter seitwärts geht.

Die einzelnen Hilfen

1 Der Ausbilder steht neben dem Kopf des Pferdes, der Hinterhand zugewendet.
2 Ein Kommando zum Seitwärtstreten wird gegeben.
3 Die Gerte wird seitlich am Pferdekörper leicht klopfend eingesetzt.

4 Der Strick ist kurz gefasst und verhindert das Vorwärtsgehen.
5 Der Ausbilder geht mit kleinen Schritten mit dem Pferd mit.

Mögliche Fehler und ihre Folgen

- Der Strick ist zu lang gefasst.
  - ▸ Das Pferd läuft um den Ausbilder herum.
- Die Gerte wird zu stark eingesetzt.
  - ▸ Das Pferd geht mit der Hinterhand vor und kann mit den Vorderbeinen nicht mehr richtig kreuzen.
- Der Ausbilder geht zu langsam mit.
  - ▸ Die gleichen Folgen wie bei zu starkem Gerteneinsatz.
- Der Ausbilder geht zu schnell mit.
  - ▸ Das Pferd geht zu wenig seitwärts.

1 Amber in der Volltraversale.

2 Gleichmäßig gehe ich mit der Seitwärtsbewegung des Pferdes mit. Die Hinterhand wird mit der Gerte dirigiert.

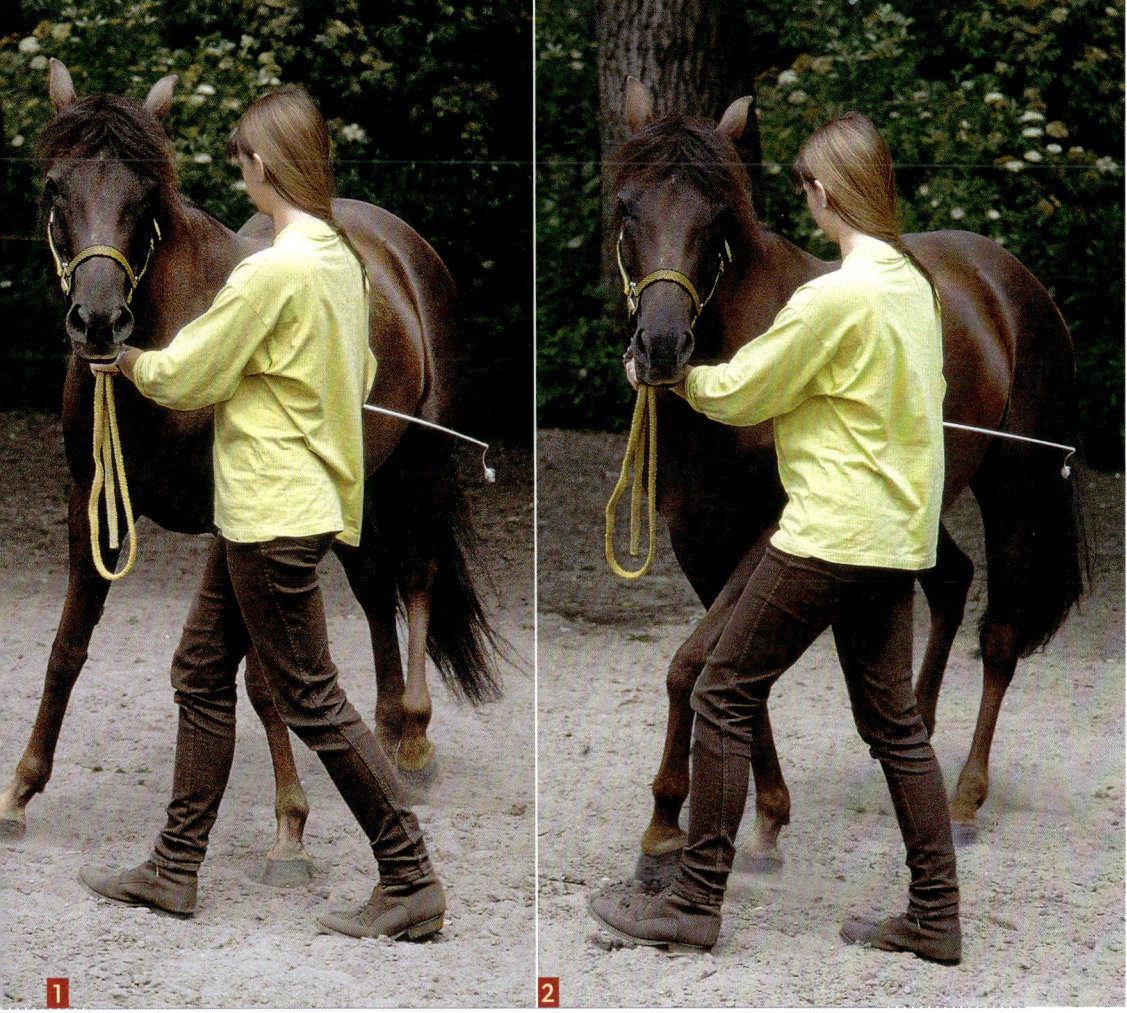

1 2

Die Wendungen auf der Stelle

Die Hinterhandwendung

Diese Lektion, die üblicherweise unter dem Reiter ausgeführt wird, lässt sich gut an der Hand vorbereiten und üben. Das Pferd sollte bereits die Volltraversale vom Boden aus erlernt haben. Wir ersetzen den Schenkel wieder durch die Gerte, die Richtung wird durch die Einwirkung am Halfter und unsere Position zum Pferd bestimmt.

Wie wird's gemacht?
Der Ausbilder steht direkt vor dem Pferd auf dem Hufschlag, mit dem Gesicht zum Pferd. Während das Pferd auf der Hinterhand dreht, geht der Ausbilder im Halbkreis mit.

Der Beginn der Hinterhandwendung nach rechts. Einleitend nehme ich Ambers Kopf etwas in die Bewegungsrichtung, also von mir weg. Seitlich begrenze ich sie mit der Gerte, sodass sie sich nicht zu stark biegt, sondern mit der Vorhand herumtritt. Gleichzeitig gehe ich im Halbkreis mit und fordere sie mit der Stimme zur Wendung auf.

Die Gerte wird auf der Außenseite gehalten und dient der Kontrolle der Hinterhand. Sie bleibt mehr oder weniger parallel zum Pferd und wirkt so auch gegen ein Ausbrechen der Vorhand.

Der Kopf des Pferdes ist so zu führen, dass der Hals ganz leicht in die Bewegungsrichtung gebogen wird. Man muss nun in der Geschwindigkeit mitgehen, dass das Pferd mit der Vorhand einen Kreis um seine Hinterhand läuft, die sich auf der Stelle bewegt. Da es sich insgesamt um eine Vorwärtsbewegung handelt, sind das kleinere Übel einige Schritte der Hinterbeine nach vorne – besser als nach hinten. Sonst würde womöglich das kreuzende Vorderbein hinter und nicht vor dem anderen vorbeitreten. Nicht gestattet ist das Seitwärtstreten der Hinterbeine vom Hufschlag weg oder das Rückwärtsgehen.

Die einzelnen Hilfen
1 Der Ausbilder steht dem Pferd auf dem Hufschlag gegenüber.
2 Der Strick wird direkt am Halfter angefasst.

3 Die Gerte wird an der äußeren Seite des Pferdes eingesetzt.
4 Man gibt das Kommando zur Wendung.
5 Durch Mitgehen am Kopf des Pferdes lenkt man es in einen Kreis, den die Vorderbeine in Seitwärtsschritten um die Hinterbeine beschreiben.

Mögliche Fehler und ihre Folgen
• Die Gerte wird zu stark benutzt.
  ▸ Das Pferd geht zur Seite, obwohl es mit den Hinterbeinen am Platz bleiben soll.
• Der Ausbilder geht nicht schnell genug im Halbkreis mit.
  ▸ Das Pferd macht keine gleichmäßigen Schritte mit den Vorderbeinen. Es entweicht nach vorne.

1 Als eindeutige Körpersprache sollte man sich angewöhnen, in der Wendung seinen Oberkörper ungefähr parallel zum Pferdekörper zu halten. Er begrenzt die Schulter des Pferdes.

2 Nie darf man das gleichmäßige Mitgehen vergessen.

3 In dieser Phase der Wendung muss man besonders aufpassen, dass das Pferd nicht mit den Hinterbeinen einen seitlichen Schritt vom Hufschlag macht.

4 Die Gerte wird parallel zum Pferd gehalten und zeigt auf die Hinterhand.

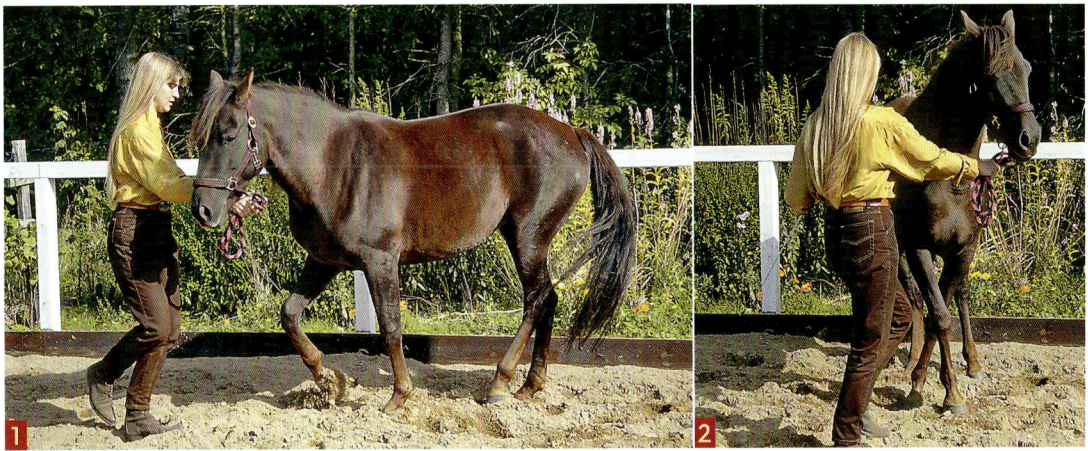

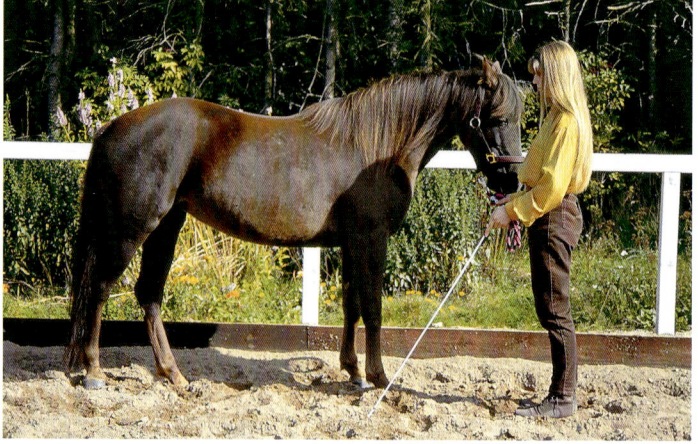

Die Wendung ist abgeschlossen. Amber steht wieder auf dem Huf schlag, und ich senke die Gerte auf den Boden.
Auch bei solchen Übungen darf man besonders in der Lernphase die Belohnung nicht vergessen.

- Am Ende der Wendung wird die Gerte nicht mehr parallel zur Hinterhand gehalten.
  ▸ Das Pferd macht mit einem Hinterbein einen Ausfallschritt in die Bahnmitte.

Die Vorhandwendung

Die Wendung auf der Vorhand übe ich sehr selten, da das seitliche Wegtreten der Hinterbeine ein häufig unerwünschter Effekt ist. Außerdem stellt sie keine besondere Schwierigkeit dar, wenn das Pferd willig auf die Gerte reagiert und sich leicht führen lässt. Man kann sie hin und wieder bei einigen Aufgaben im Trail gebrauchen.

Wie wird's gemacht?
Man stellt sich neben die Schulter des Pferdes und ist dabei der Hinterhand zugewandt. Soll das Pferd mit den Hinterbeinen nach rechts treten, steht man auf der linken Seite. Das bedeutet, dass man außen steht, falls man auf dem Hufschlag übt. Der Mensch bildet den Punkt, um den sich das Pferd dreht.

Mit der Gerte in der rechten Hand lässt man die Hinterhand des Pferdes durch Anticken zur Seite weichen und gibt das Kommando zur Wendung. Dabei nimmt man den Kopf des Pferdes zu sich heran.

Die Hilfen müssen schon einen Schritt, bevor die Wendung beendet werden soll, eingestellt werden. Sonst tritt das Pferd meist über den Punkt hinaus, bis zu dem es sich drehen sollte. Zusätzlich darf das Kommando zum Anhalten nicht vergessen werden. Am Hufschlag begrenzt die Bande die Wendung, aber es kann auch erforderlich sein, die Wendung ohne seitliche Begrenzung auszuführen, wie etwa im Trail.

Die einzelnen Hilfen

1 Für eine Wendung, bei der die Hinterbeine nach rechts tre-ten, steht der Ausbilder an der linken Schulter des Pferdes.
2 Der Strick wird mit der linken Hand gehalten, den Kopf des Pferdes zieht man zu sich heran.
3 Die Gerte wird mit der rechten Hand gehalten, mit ihr treibt man die Hinterhand des Pferdes herum.
4 Mit der Stimme gibt man ein Kommando zum Wenden und eines zum Anhalten.

Mögliche Fehler und Folgen

• Man kann bei dieser Übung nicht viel falsch machen, außer dass man sie zu oft übt.
  ▸ Sobald man sich zu dem Pferd beim Anhalten umdreht, weicht es mit der Hinterhand zur Seite.

1 So sieht die Ausgangsposition für die Vorhandwendung am Hufschlag aus.

2 Lucky beginnt mit der Wendung, nach-dem ich ihn dazu aufgefordert und mit der Gerte angetippt habe.

3 Damit das Pferd leichter herumtritt, kann man den Kopf etwas zu sich nehmen.

4 Zum Abschluss wird die Gerte auf den Boden gesenkt.

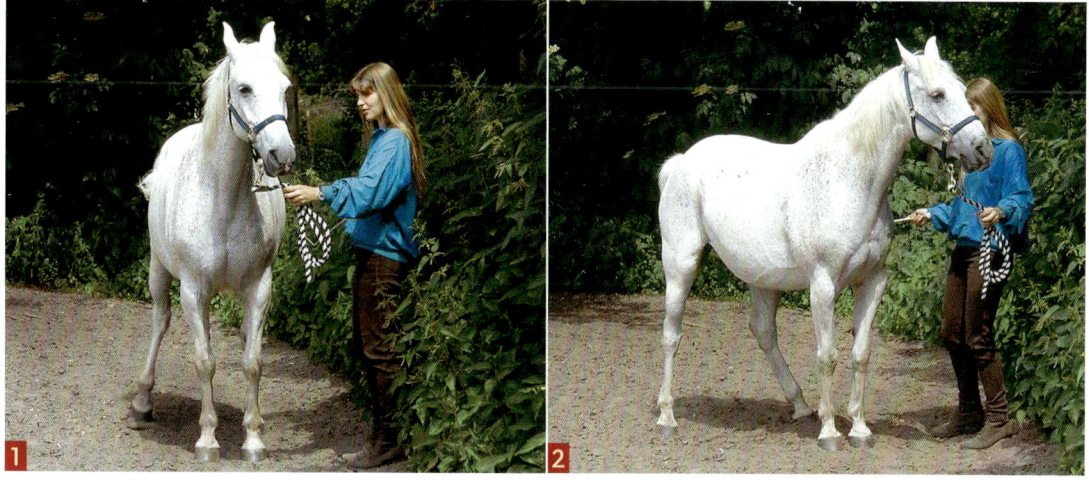

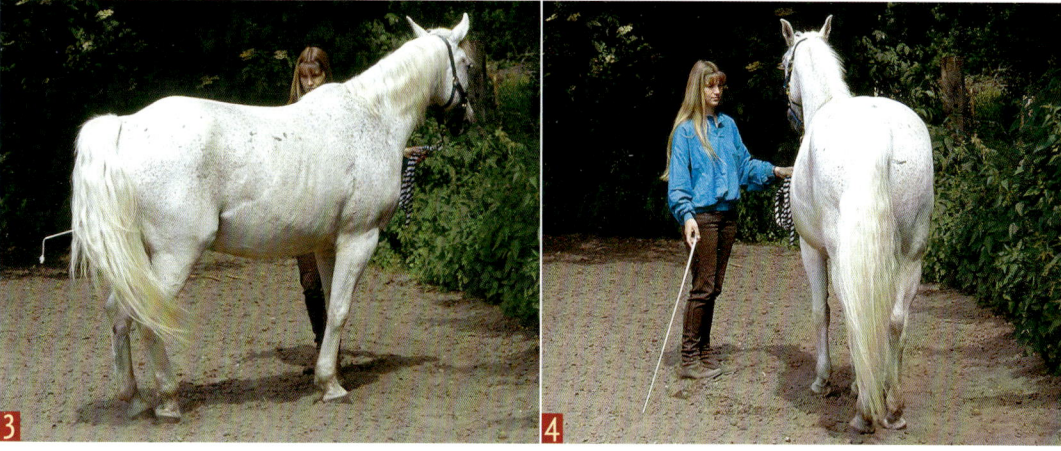

Aufgaben aus dem Trailparcours

Volltraversale über einer Stange

Diese Übung kommt häufig im Trail vor. Es lässt sich dabei gut überprüfen, wie genau die Zusammenarbeit zwischen Pferd und Reiter funktioniert. Wieder hilft uns das Üben dieser Aufgabe vom Boden aus, spätere Schwierigkeiten unter dem Sattel zu vermeiden. Man kann meistens das Pferd an der Hand leichter beruhigen, sollte es sich vor der rollenden Stange erschreckt haben. Auch mit jungen, noch nicht gerittenen Pferden kann man diese Aufgabe schon üben.

Wie wird's gemacht?

Zunächst übt man das Halten über einer Stange. Man beginnt mit nur kurzem Verharren, nachdem die Vorderbeine über die Stange getreten sind, und geht nach vorne weiter, noch bevor sich das Pferd bewegen will. Das Pferd sollte lieber einmal unerlaubt nach vorne gehen als nach hinten, weil es sich dabei die Ballen an der Stange stoßen könnte und dann unnötig Angst bekäme. Mit der Zeit wird das Pferd die Angst vor der Stange verlieren und auch länger stehenbleiben.

Natürlich bleibt abzuwägen, ob es sich bei dem unerlaubten Vorwärtsgehen um sturen Ungehorsam oder um die Angst vor der Stange unter dem Bauch handelt. Ersteres muss konsequent verhindert werden, indem man dem Pferd den Weg versperrt und einen scharfen Ruck am Halfter gibt. Bei sturen Pferden nimmt man besser eine Führkette.

Steht das Pferd ruhig über der Stange, kann mit dem Seitwärtstreten begonnen werden. Die Hilfen dafür wurden in dem Kapitel über die Seitengänge erklärt. Man beginnt mit kleinen Abschnitten an einem Ende der Stange. Ist die Stange passiert, hält man wie vorher beschrieben an und lobt. So hat das Pferd schnell ein Erfolgserlebnis. Die Abschnitte werden allmählich verlängert. Schließlich kann man neben der Stange mit dem Seitwärtsrichten beginnen, um auf die Stange aufzufädeln.

Beherrscht das Pferd die Hinterhandwendung an der Hand, die in einem der vorigen Kapitel beschrieben wird, kann auch über einen Winkel aus zwei Stangen seitwärts gerichtet werden. Dabei ist darauf zu achten, dass das Pferd entspannt bleibt und jederzeit angehalten werden könnte.

Man kann natürlich auch so seitwärts richten, dass das Pferd eine Vorhandwendung machen muss. Damit das Pferd mit der Hinterhand herumtritt, nimmt man seinen Kopf etwas zu sich heran und treibt mit der Gerte die Hinterhand zur Seite. Diese Wendung, die auf Seite 56 schon beschrieben wurde, muss nicht unbedingt gesondert geübt werden. Reagiert das Pferd wie gewünscht auf die Gerte, ist sie kein Problem. Jetzt kommt es nur darauf an, dass der Pferdeführer den passenden Abstand einhält.

Bonustipp Volltraversale

In der Fußfolge gibt es einen Moment, der besonderer Aufmerksamkeit bedarf und zwar, wenn das Pferd sein äußeres Hinterbein zwischen dem anderen Hinterbein und der Stange hindurch überkreuz setzen muss. Dann passiert es leicht, dass es nach vorne über die Stange treten will. Also muss man gerade dann das Pferd etwas zurückhalten, damit der Schritt zur Seite geht und nicht nach vorne. Bei der Seitwärtsbewegung nach rechts sollte man also immer das linke Hinterbein besonders im Auge haben.

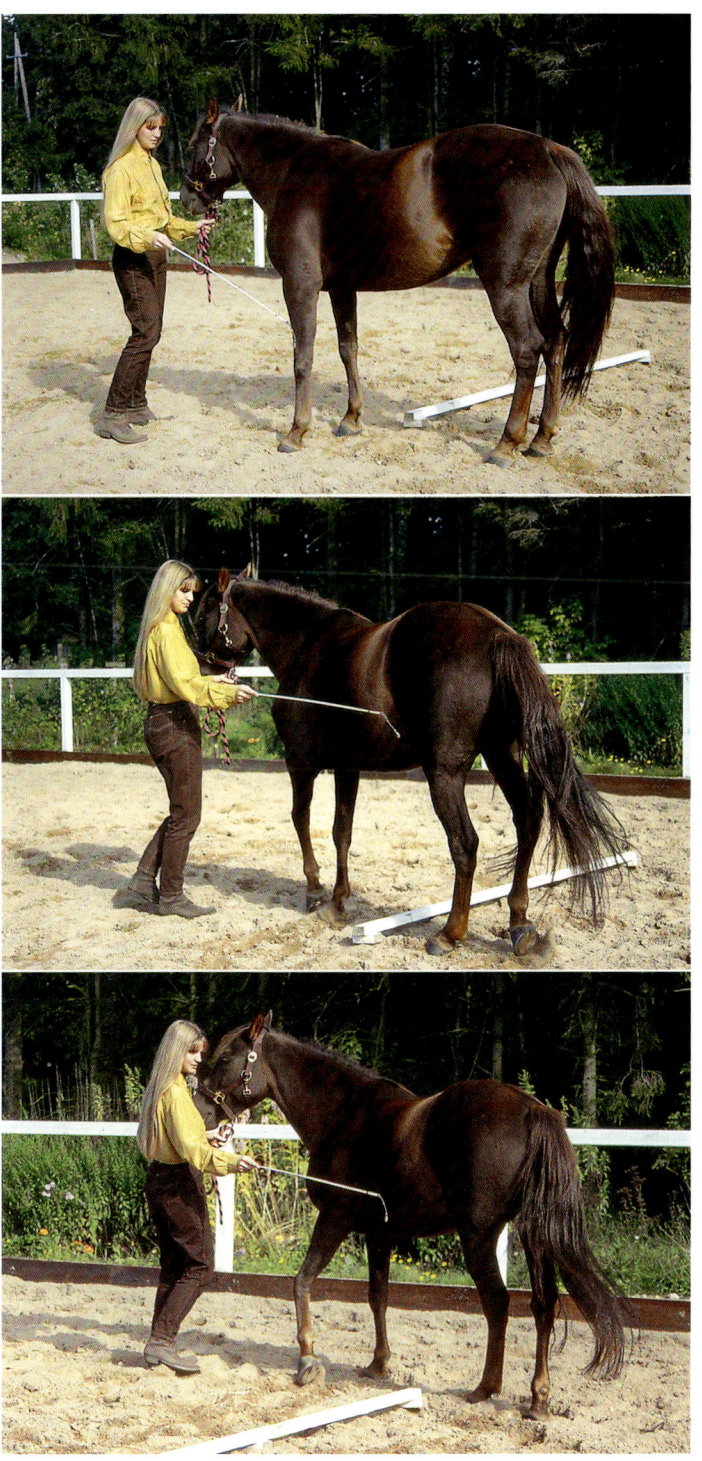

Beginn der Volltraversale. Ich stehe seitlich an Ambers Kopf.

Nachdem das Kommando zum Seitwärtsgehen erfolgte, treibe ich mit leichtem Anticken der Gerte und gehe am Kopf mit. Die Stange darf nicht zu nahe an den Vorderbeinen liegen.

Die Stange ist passiert. Als nächstes werde ich Amber anhalten. Würde sie nicht anhalten wollen, käme mir nach ein paar Schritten die Bande zu Hilfe.

Die einzelnen Lernphasen

1. Das Pferd bleibt über der zwischen Vorder- und Hinterbeinen liegenden Stange ruhig stehen.
2. Das Pferd hält über der Stange so an, dass es nur ein paar Schritte seitwärts gehen muss, um sich wieder auszufädeln.
3. Die Strecke, die über der Stange seitwärts gegangen werden muss, wird immer länger.
4. Das Pferd hält neben der Stange an, fädelt sich ein und geht über die gesamte Länge der Stange seitwärts.
5. Das Pferd geht über zwei Stangen, die im rechten Winkel zueinander liegen, seitwärts mit eingebauter Wendung um die Vor- oder Hinterhand.

Mögliche Fehler und ihre Folgen

- Das Stehen mit der Stange zwischen den Beinen wurde nicht in Ruhe geübt.
  - ▸ Das Pferd beginnt sofort zu hampeln, wenn es über die Stange getreten ist.
- Man lässt das Pferd nicht weit genug über die Stange treten.
  - ▸ Beim Seitwärtsgehen stößt das Pferd mit den Ballen der Vorderhufe an die Stange und bekommt Angst vor ihr.
- Die Hinterhand wird mit der Gerte zu weit herumgetrieben.
  - ▸ Das Pferd kommt mit der Vorhand nicht mit und kann nicht mehr richtig seitwärts übertreten.

Rückwärts durch das „L"

Wer Interesse am Trailreiten hat, der wird gerne einige Aufgaben an der Hand vorbereiten, besonders wenn das Pferd noch jung ist. Eine Gasse aus am Boden liegenden Stangen rückwärts zu durchqueren ist eine Aufgabe, die sich dafür anbietet.

Wie das Rückwärtsgehen generell zu üben ist, wurde in dem entsprechenden Kapitel beschrieben.

Wie wird's gemacht?

Anfangs sollte die Gasse nicht zu schmal sein, bis das Pferd begriffen hat, worum es geht. Man kann die Breite allmählich von 1,5 m auf 0,8 m verringern. Die Länge ist variabel, sollte aber nicht kürzer als zwei Pferdelängen sein.

Das „L" wird zum Kennenlernen einige Male vorwärts durchschritten. Ist das geschehen, hält man an verschiedenen Stellen im „L" an und bleibt einen Augenblick ruhig stehen. Erst wenn das Pferd dabei entspannt ist, beginnt man, es an irgendeiner Stelle ein paar Tritte rückwärts gehen zu lassen. Wie das Rückwärtsrichten zu üben ist, kann in dem entsprechenden Kapitel nachgelesen werden. Zunächst wird das „L" vorwärts wieder verlassen.

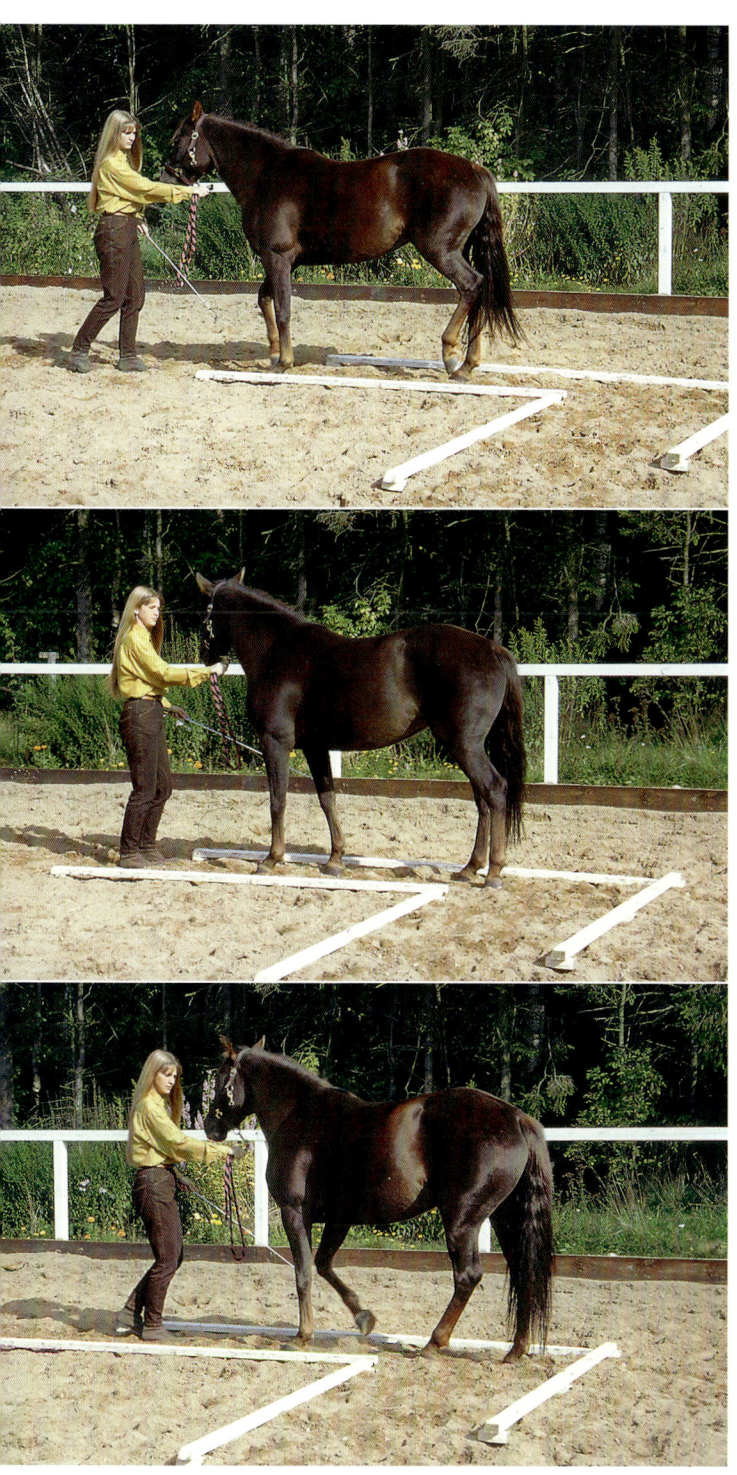

Rückwärtsrichten durch das „L". Am besten lässt sich die Richtung bestimmen, wenn man fast vor dem Pferd steht. Von dort kann man rechtzeitig erkennen, ob eine Korrektur erforderlich wird, und die Gerte auf die entsprechende Seite wechseln.

Das Pferd sollte sich jederzeit anhalten lassen und nicht unkontrollierbar zurückweichen.

Das Durchschreiten der Ecke wird eingeleitet, indem ich Ambers Kopf nach außen führe und die Gerte auf der Außenseite halte.

Schritt für Schritt geht es langsam durch die Ecke.

Damit das Pferd mit den Vorderbeinen nicht die inneren Stangen streift, kann es nötig werden, die Gerte zwischendurch auf diese Seite zu wechseln und mit ihr die Vorhand zu dirigieren.

Die Ecke ist fast geschafft. Ich richte Amber wieder gerade. Interessant ist ihr Ohrenspiel während dieser Übung: Ein Ohr zu mir, ein Ohr nach hinten auf die Stangen gerichtet.

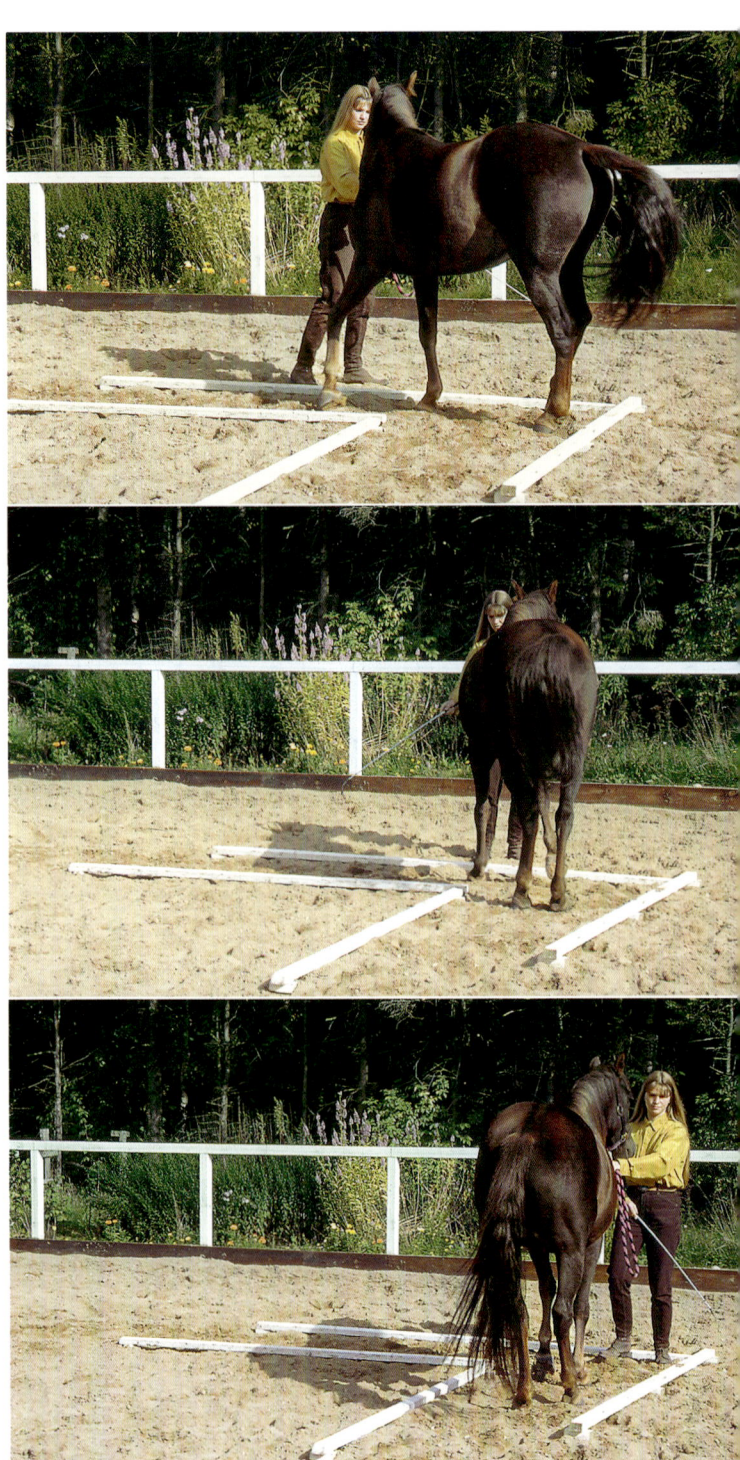

In der nächsten Phase geht man vorwärts das Stück bis zur Ecke in das „L" und dann rückwärts wieder hinaus. Das Pferd lässt sich steuern, indem man es beim Rückwärtsgehen ansieht und den Kopf des Pferdes immer in die Richtung lenkt, in die die Hinterhand auszuweichen droht. Zusätzlich kann man es auf dieser Seite mit der Gerte seitlich begrenzen.

Gelingt das gerade Stück, ohne an die Stangen zu stoßen, kann man die Wendung um die Ecke in Angriff nehmen. Nach dem gleichen Prinzip, wie die Korrektur zum geraden Rückwärtsrichten erfolgt, wird das Pferd um die Ecke gelenkt. Wenn also die rechte Seite des Pferdes in der Ecke innen ist, wird sein Kopf nach links genommen. Wie viel der Kopf zur Seite genommen werden muss, richtet sich jeweils nach der Reaktion des Pferdes.

Die Ecke sollte mit nur kleinen Schritten genommen werden, sodass sich das Pferd jederzeit anhalten ließe. Dabei braucht das Pferd am wenigsten Platz, wenn es abwechselnd Schritte zur Seite und nach hinten macht. Es kann auch einmal nötig sein, die Vorhand des Pferdes ein wenig zur Seite zu führen, um an keiner Stange hängenzubleiben.

Man sollte das „L" nicht jedes Mal rückwärts verlassen, sondern auch einmal vorwärts. Sonst eilt das Pferd hinaus, sobald es mit dem Rückwärtsgehen beginnt. Der nächste Schwierigkeitsgrad ist das Rückwärtseinparken in das „L". Dazu geht man auf das „L" zu und hält eine kurze Pferdelänge davor an. Das Pferd muss nun auf der Vorhand drehen, um mit den Hinterbeinen zuerst zwischen die Stangen zu gelangen.

Der Ausbilder steht dabei neben dem Pferd und lenkt die Hinterhand mit der Gerte herum. Soll die Hinterhand nach rechts bewegt werden, stellt man sich auf der linken Seite an die Schulter und nimmt den Pferdekopf zu sich herüber.

Die letzten Schritte aus dem „L" sollen im Tempo gleichbleibend sein und nicht hastig ausgeführt werden.

So lässt sich die Hinterhand mühelos dirigieren. Kurz bevor sich das Pferd weit genug gedreht hat, sollten die Hilfen nachlassen, damit es in der richtigen Position zum Stehen kommt.

Die einzelnen Lernphasen
1 Das Pferd wird vorwärts durch das „L" geführt.
2 An verschiedenen Stellen im „L" wird das Anhalten geübt.
3 Das Pferd geht einige Schritte rückwärts und wieder vorwärts hinaus.
4 Man hält vor der Ecke an und richtet das Pferd rückwärts aus dem „L".
5 Durch das ganze „L" wird rückwärtsgerichtet, nachdem man vorwärts hineingegangen ist.
6 Das Pferd wird bereits rückwärts in das „L" einrangiert.

Mögliche Fehler und Folgen
- Es wurde vernachlässigt, das Anhalten im „L" zu üben.
  - ▸ In Situationen, bei denen zentimetergenaue Korrekturen erforderlich sind, gelingt es nicht, das Pferd zwischendurch stillstehen zu lassen.
- Das Pferd soll sofort in einem Stück durch das ganze „L" rückwärts gehen, obwohl es diese Übung noch nicht kennt.
  - ▸ Das Pferd wird verärgert oder bekommt bei häufigem Anstoßen Angst vor den Stangen.
- Man verlässt mit dem Pferd immer nur rückwärts das „L".
  - ▸ Geht das Pferd rückwärts, ist es nicht mehr anzuhalten. Das Passieren der Ecke wird unmöglich.
- Bei der Vorhandwendung, die nötig ist, um rückwärts in das „L" zu gelangen, werden die Hilfen zu spät eingestellt.
  - ▸ Das Pferd tritt zu weit herum und muss zur Korrektur in die entgegengesetzte Richtung zurückgedreht werden. Es wird dadurch leicht nervös gemacht.

Wozu longieren?

„Über das Longieren kann man ganze Bücher schreiben." So stand es in der ersten Ausgabe der „Pferdeschule". Gesagt, getan. Inzwischen habe ich meine „Longierschule" geschrieben.

Nun werde ich hier keine bestimmte Methode beschreiben, sondern etwas zu den Aufgaben sagen, die das Longieren meiner Meinung nach hat.

Das Longieren sollte nicht nur dazu dienen, dem Pferd Bewegung zu verschaffen, sondern es verbessert die Zusammenarbeit zwischen Mensch und Pferd, gymnastiziert dieses und schult sein Gleichgewicht.

Das Pferd lernt die Kommandos für die verschiedenen Gang-
arten kennen und befolgen. Besonders für das Angaloppieren
unter dem Reiter ist es eine große Hilfe, wenn das Pferd schon
auf Stimme angaloppieren kann. Man übt mit dem Pferd das
Einhalten eines gleichmäßigen Tempos in jeder Gangart ohne
das eventuell störende Reitergewicht.

Durch das Longieren wird das Laufen auf großen und kleine-
ren Bögen trainiert – im Gegensatz zur häufigen Geradeaus-
bewegung. Das Pferd lernt in einem vorgegebenen Tempo auf
einer bestimmten Linie zu gehen, zur Vorbereitung der späteren Disziplin unter dem Reiter.

Das alles ist hauptsächlich für das junge Pferd von Bedeutung, aber auch steife, verkrampfte Pferde können sich an der
Longe lockern und neues Vertrauen zum Menschen finden.

Ich benutze beim Longieren keine Ausbinder oder andere
Hilfszügel. Ich möchte durch geschicktes und harmonisches
Longieren erreichen, dass das Pferd den Kopf senkt und den
Hals dehnt. Dafür ist es wichtig, den Zirkle schön rund zu
halten und besonders im Trab ein gleichmäßiges Tempo zu
erlangen.

Bereits erlernte Kommandos können auch an der Longe
eingesetzt werden, wenn das Pferd schon sicher auf diese
stimmliche Hilfe reagiert. So kann das Pferd zum Beispiel eine
Hinterhandwendung, das Rückwärtstreten oder den Spanischen Schritt ausführen. Die Peitsche ersetzt die Gerte und
unterstützt optisch das Kommando.

Übungen vor dem ersten Aufsteigen

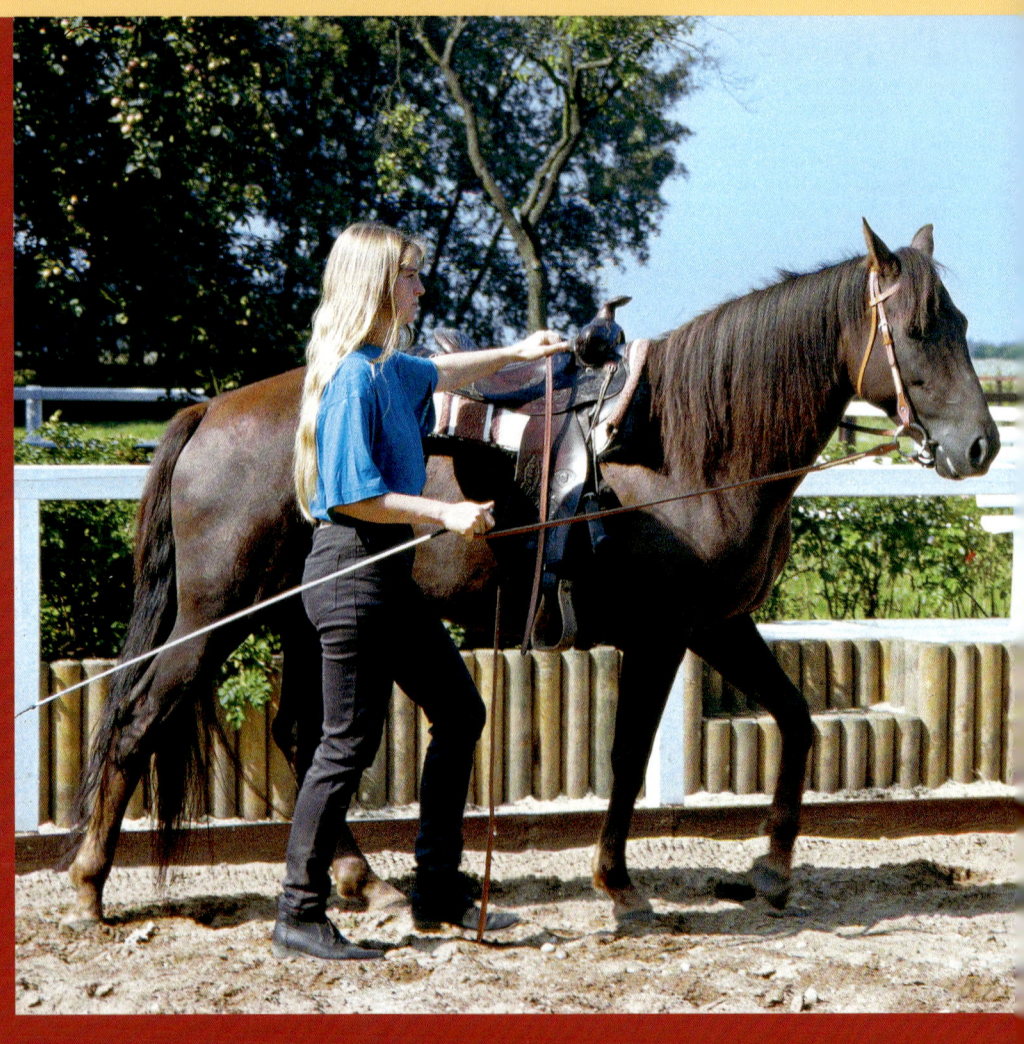

An dieser Stelle haben wir lange überlegt, das Folgende aus der Pferdeschule herauszunehmen. Andererseits bekommt der Leser so einen guten Eindruck, wie ich mit dem Anreiten beginnen würde und kann dann entscheiden, ob er mehr von dieser Methode erfahren möchte. Wenn ja, empfehle ich mein Buch „Erste Schritte unter dem Sattel". Sehen wir die folgenden Kapitel als zusätzliche Information zu dem eigentlichen Thema des Buches.

Bevor man das erste Mal auf sein Pferd steigt, sollte man es gründlich mit den neuen Ausrüstungsgegenständen und deren Wirkung vertraut machen. Dabei denke ich besonders an die ungewohnte Trense im Maul des Pferdes. Man vermeidet so einen unnötigen Kampf, wenn zu viel Ungewohntes zusammentrifft oder wenn der Reiter plötzlich auf das Befolgen einer Hilfe angewiesen ist, die das Pferd noch nicht sicher versteht. Man darf nicht vergessen, dass etwa eine Trense ein Hilfsmittel ist, deren Verständnis dem Pferd nicht angeboren ist. Um später ein sensibles und zufriedenes Pferd zu erhalten, muss von Anfang an mit Überlegung vorgegangen werden. Diese Zeit, die man sich anfangs lässt, zahlt sich in jedem Fall durch ein entspanntes Pferd wieder aus.

Die Gewöhnung an den Sattel

Die Gewöhnung an den Sattel sollte sehr sorgfältig geschehen. Schließlich wird das Pferd ihn ein Leben lang tragen müssen. Es wäre schade, wenn mit dem Sattel schlechte erste Erinnerungen verbunden sind. Außerdem besteht die Gefahr, dass das Pferd Sattelzwang bekommt, wenn es sich beim Aufsatteln verspannt.

Naturgemäß erscheint dem Pferd etwas, das auf seinem Rücken haftet, gefährlich. Dem Pferd muss also zuerst die Angst genommen werden, der Sattel sei ein wildes Tier, welches das Pferd von hinten anspringt. Außerdem muss es sich an den Druck des Bauchgurts und an die herunterhängenden Steigbügel gewöhnen.

Wie wird's gemacht?

Man beginnt, das Pferd daran zu gewöhnen, dass etwas auf seinem Rücken liegt. Dafür eignet sich gut eine Satteldecke oder das Pad. Es ist handlich und kann auch einmal herunterfallen, ohne Schaden zu nehmen. Das Pferd sollte an einem sicheren Anbinder fest angebunden sein. Zunächst darf das Pferd das Pad beschnuppern. Dann wird es am ganzen Körper mit dem Pad abgestreift, eine vom Putzen vertraute Handlung, nur ist der Putzgegenstand etwas größer als gewohnt. Ist das Pferd ruhig und entspannt, kann das Pad auf seinen Rücken gelegt werden.

Amber darf den unbekannten Gegenstand
erst in Ruhe beschnuppern, bevor sie
engeren Kontakt zu ihm bekommt.

Um das Pferd an das Pad zu gewöhnen,
streift man es am ganzen Körper damit ab
– so, als würde man das Pferd putzen.

Pferde müssen sich erst daran gewöhnen,
dass etwas auf ihren Rücken gelegt wird.

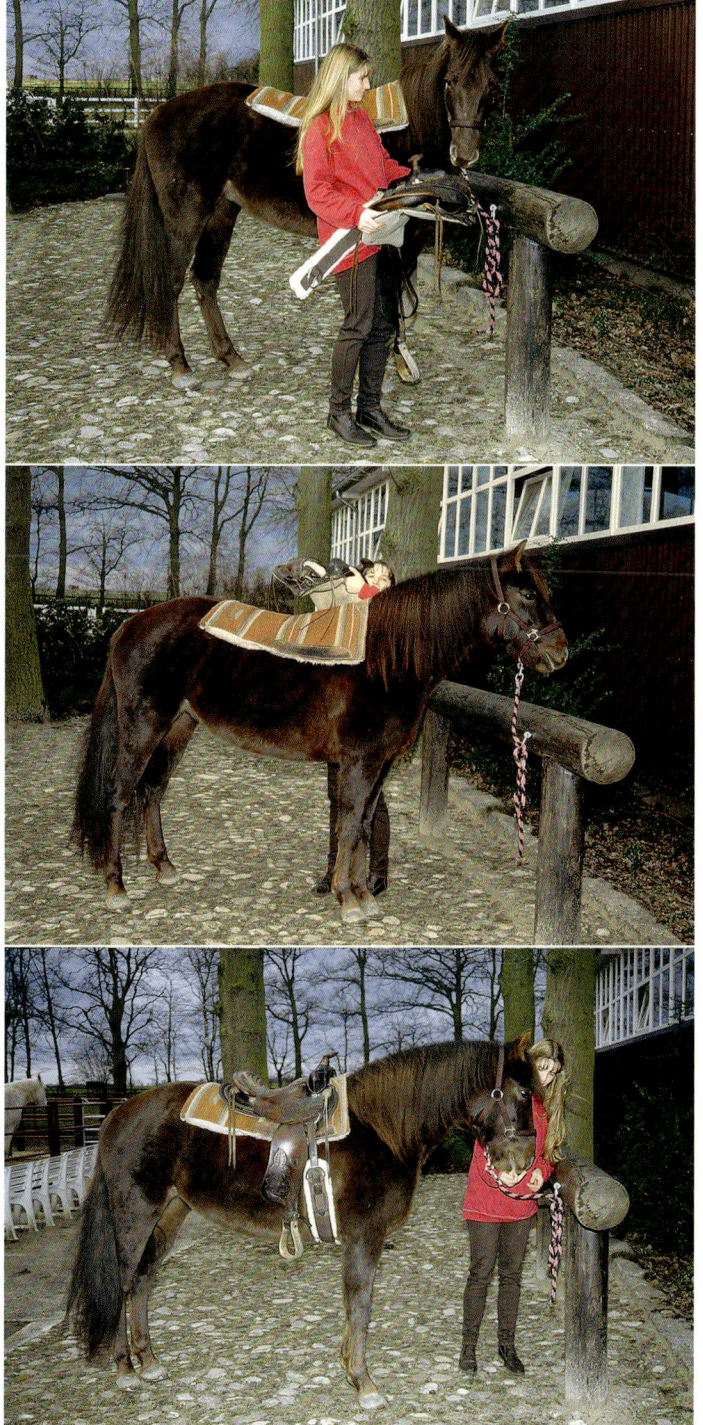

Wie bereits die Decke darf Amber auch den Sattel beriechen, bevor er auf ihren Rücken gelegt wird.

Behutsam lege ich den Sattel auf Ambers Rücken.

Damit beim Satteln kein Unwille aufkommt, gibt es nach dem Angurten eine Belohnung.

In der ersten Gewöhnungszeit hält man das Pad besser fest, damit es nicht herunterfällt und das Pferd unnötig erschreckt. Das Pad sollte dem Pferd auch von der rechten Seite aufgelegt werden, um zu vermeiden, dass es auf dieser Seite schreckhaft bleibt. Für die Gewöhnung an das Angurten benutzt man am besten einen einfachen Longiergurt. Er lässt sich leicht handhaben. Auch mit dem jungen Pferd, für das man noch keinen passenden Sattel hat, kann man so das Gurten üben. Möchte man das Pferd mit Gurt longieren, sollte man nicht vergessen, dass es sich an den festen Gurt erst gewöhnen muss.

Beim Angurten ist es wichtig, dass man sich Zeit lässt. Ruckartiges, heftiges Anziehen muss vermieden werden. Beginnt das Pferd zu tänzeln oder sich zu verspannen, gibt man ihm etwas zu kauen. Das beruhigt und lenkt ab. Der Druck des Gurtes wird so mit etwas Angenehmem verbunden. Manche Pferde müssen sich auch erst an die Bewegung mit dem Gurt gewöhnen, deshalb sollte zunächst vorsichtig geführt werden. Ich würde das Pferd nicht sofort longieren. Macht es Bocksprünge und spannt seine Muskeln an, bekommt es den Gurt unangenehm zu spüren, wenn es ihn noch nicht gewohnt ist.

Kennt das Pferd bereits Satteldecke und Gurt, ist es Zeit für den Sattel. Er wird behutsam auf den Pferderücken gelegt und so fest angegurtet, dass er nicht mehr herunterrutschen kann. Ein lockerer Sattel, der dem Pferd unter dem Bauch baumelt, kann fatale Folgen haben. Natürlich sollte der Sattel auch nicht gleich knalleng sitzen. Noch am Anbinder wird das Pferd mit den Steigbügeln vertraut gemacht. Hier bietet der Westernsattel den Vorteil, dass die hängenden Bügel nicht umherschlagen, sondern relativ ruhig am Pferd liegen.

Die ersten Tage mit Sattel wird das Pferd geführt und nicht longiert. Longiert man sofort, beginnt das Pferd womöglich zu bocken. Auf diese Idee wäre es sonst vielleicht gar nicht gekommen. Beim Bocken liegt der Sattel so unruhig, dass er dem Pferd Angst einjagt. Besser ist es, das Pferd durch kontrolliertes Wackeln und Klopfen am Sattel allmählich mit den Bewegungen und Geräuschen bekannt zu machen. Ist das geschehen, kann das Pferd dann mit dem Sattel auch longiert werden.

Dieses Beispiel zeigt, wie man Probleme vermeiden kann, statt sie später mit mehr Aufwand beheben zu müssen.

Die einzelnen Lernphasen

1 Das Pferd darf sich den Gegenstand anschauen, den es auf dem Rücken tragen wird.
2 Das Pferd wird an die Satteldecke oder das Pad gewöhnt, indem man es überall am Körper damit berührt.
3 Das Pad wird auf den Rücken gelegt, erst von der linken Seite, dann auch von der rechten. Man achtet darauf, dass es nicht herunterrutscht.

4 Das Angurten wird geübt. Um es sich leichterzumachen, nimmt man erst nur einen Longiergurt.

5 Das Pferd wird mit dem Longiergurt geführt, bevor es auch longiert werden kann.

6 Der Sattel wird behutsam aufgelegt und angegurtet. Das Pferd wird mit ihm vertraut gemacht, während es selber noch steht.

7 Wieder sollte das Pferd erst geführt werden, bevor man es an die Longe nimmt.

Mögliche Fehler und ihre Folgen

• Der Ausbilder nimmt sich nicht genug Zeit und Ruhe, das Pferd an die Satteldecke oder das Päd zu gewöhnen, falls es beim Auflegen auf den Rücken noch scheut.
  ▸ Dem Pferd bleiben die Gegenstände auf seinem Rücken unheimlich.
• Der Gurt wird zu ruckartig und zu stark angezogen.
  ▸ Das Pferd verspannt sich und könnte Sattelzwang bekommen.
• Der Gurt wird zu locker gelassen.
  ▸ Der Sattel rutscht unter den Pferdebauch, wenn das Pferd sich heftig bewegt, und es gerät in Panik.

Die Gewöhnung an die Trense

Die Wirkung der Trense muss das Pferd erst verstehen lernen. Einem Pferd ist es nicht angeboren, auf Druck in einem Maulwinkel seinen Kopf in diese Richtung zu nehmen. Je schonender und verständlicher dem Pferd diese Wirkung beigebracht wird, desto weicher wird es im Maul sein.

Natürlich wird die Wirkungsweise des Gebisses mit fortschreitender Ausbildung wesentlich vielschichtiger werden als

1 Noch interessiert sich Amber mehr für die Umgebung als für mich.

2 Leichtes Annehmen der Zügel genügt, um Amber zum Nachgeben zu veranlassen. Jetzt widmet sie mir ihre Aufmerksamkeit.

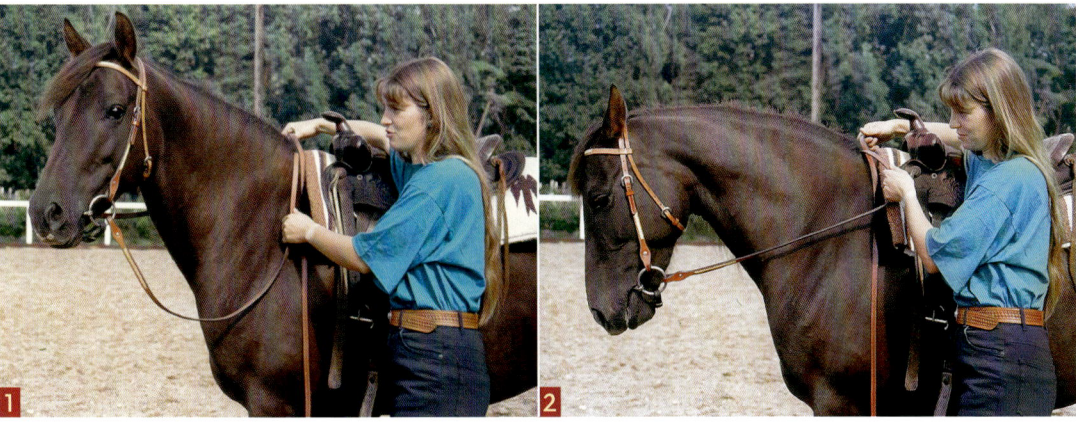

die bloße Richtungsvorgabe, aber bei der ersten Verständigung zwischen Pferd und Reiter spielt das Bestimmen der Richtung eine wesentliche Rolle.

Ebenso nützlich ist es, das Pferd schon frühzeitig daran zu gewöhnen, dem Druck des Gebisses nachzugeben und Vertrauen zu der Verbindung per Zügel zu bekommen, anstatt vor ihr zurückzuweichen oder gegen sie anzukämpfen.

Wie wird's gemacht?

Trenst man ein Pferd zum ersten Mal auf, wird es das Gebiss williger nehmen, wenn es gleichzeitig ein Stück Zucker bekommt. Für diesen Zweck verwende ich Zucker, weil er von dem Pferd auch mit der ungewohnten Trense leicht zerkaut werden kann oder sich auflöst. Diese Maßnahme kann anfangs viele unnötige Kämpfe ersparen. Bevor die Trense benutzt wird, verbleibt sie ein paarmal nur zur Gewöhnung im Maul.

Die Wirkungsweise wird dem Pferd zuerst im Stand erklärt, das heißt: Druck im Maul bedeutet nachgeben, dann hört der Druck sofort wieder auf. Hierzu stellt man sich links neben das Pferd, Blickrichtung zum Pferdekopf. Dann werden beide Zügel aufgenommen. Um den äußeren Zügel zu halten, greift man mit der rechten Hand über den Widerrist. Die linke Hand wird auf gleicher Höhe gehalten. Durch abwechselndes Annehmen der Zügel – oft reicht schon das Zudrücken der Hände aus – soll bei dem Pferd eine Reaktion hervorgerufen werden. Sobald das Pferd ansatzweise nachgibt, gibt man selbst auch nach. So lernt das Pferd von Anfang an, nicht gegen den Zügel anzukämpfen. Hält das Pferd einen weichen Kontakt zum Zügel, wird es belohnt.

Ähnlich geht man vor beim Biegen des Halses nach rechts und links. Hierbei ist es anfangs sehr wichtig, auf einen lockeren

1 Biegen des Halses zur Seite: Man stellt sich neben das Pferd und nimmt die Zügel auf.

2 Ich bewege die linke Hand in Richtung Widerrist und verkürze so den Zügel.

3 Willig gibt Amber dem Druck im Maul nach und biegt den Hals weit nach links. Jetzt wäre ein guter Augenblick für eine Belohnung.

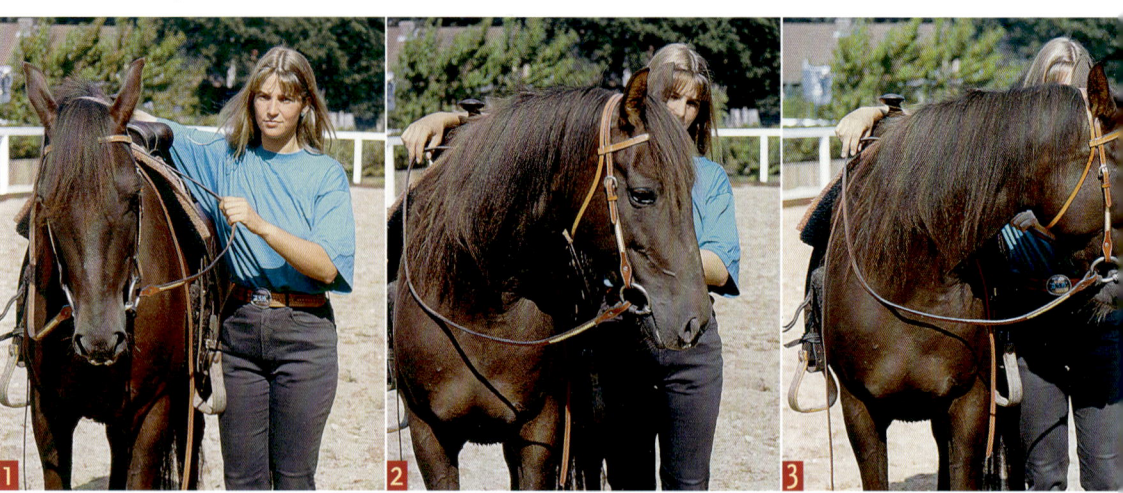

Die gleiche Übung zur anderen Seite. Man kann dabei auf derselben Seite des Pferdes stehenbleiben.

Das Pferd sollte sich gleichmäßig nach beiden Seiten biegen lassen.

So weit kann man das Pferd bei den ersten Übungsversuchen meist noch nicht biegen.

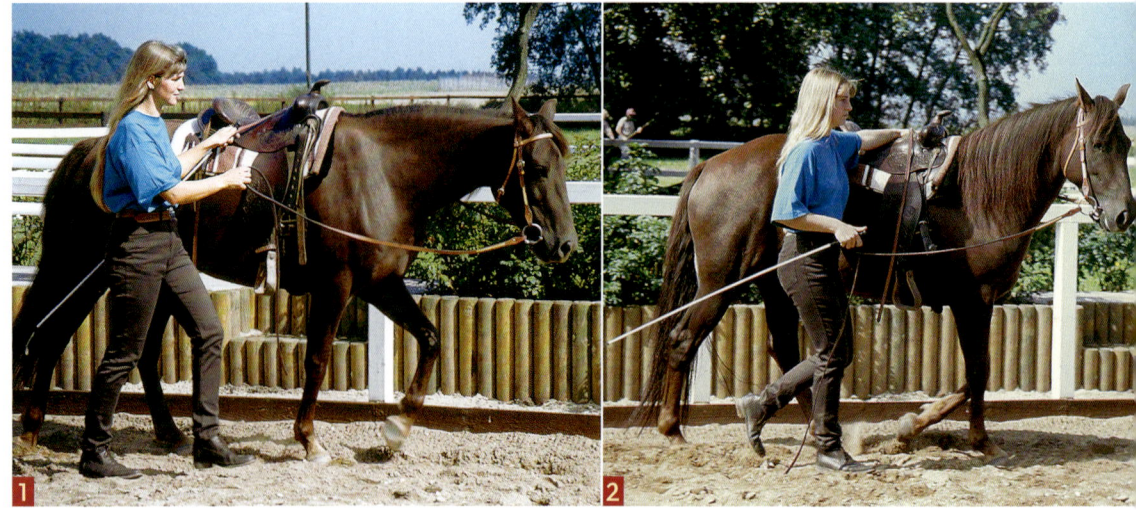

1 Amber soll lernen, allein und nur auf Zügelhilfe ihren Weg zu gehen. Ich bleibe weiter zurück als gewöhnlich beim Führen.

2 Der Beginn einer Volte. Zuerst geht man bei diesen Übungen auf der gewohnten linken Seite. Wir sind jetzt schon eine Phase weiter, und ich kann auch auf der rechten Seite des Pferdes gehen.

äußeren Zügel zu achten, damit das Pferd eindeutig versteht, was von ihm verlangt wird. Würde es gleichzeitig auch Zug am äußeren Zügel verspüren, wäre ihm nicht völlig klar, in welche Richtung es nachgeben soll. Der äußere Zügel gewinnt erst in einer weiter fortgeschrittenen Ausbildungsstufe an Bedeutung.

Für das folgende Üben im Schritt sind am besten lange, geteilte Zügel geeignet. Man geht auf Höhe der Sattellage neben dem Pferd her, der äußere Zügel verläuft über den Rücken. Wurde das Pferd schon, wie im vorigen Kapitel beschrieben, an den Sattel gewöhnt, kann man diese Übung mit dem gesattelten Pferd durchführen.

Zunächst wird das Pferd den gewohnten Menschen auf Schulterhöhe vermissen, aber nach ein paar Aufforderungen sollte es sich alleine in Bewegung setzen. Unterstützt durch die Stimme, übt man das Halten und Antreten im Schritt. Dann kommen große und kleine Wendungen hinzu und das Gehen ohne die Anlehnung an die Bahnbegrenzung, also nicht auf dem Hufschlag. Schließlich übt man auch das Lenken von der rechten Seite aus. Stets ist dabei darauf zu achten, dass das Pferd ohne zu drängeln seinen Weg geht.

Es hat jetzt gelernt, nur auf die Weisung von hinten in die gewünschte Richtung zu gehen, so wie es beim Reiten auch sein wird. Wird das Pferd geritten, erhält es seine Anweisungen auch von hinten, anders als anfangs beim Führen, wobei der Kopf des Pferdes von der Seite oder von vorne in die gewünschte Richtung gelenkt wird. Außerdem fehlt jetzt das Leittier Mensch, dem das Pferd vertrauensvoll folgen kann.

Mit der Zeit wird aber auch der Reiter diese Rolle übernehmen können, sodass sich das Pferd genauso sicher fühlt wie mit dem Menschen an seiner Seite. Die Grundlage dafür wurde

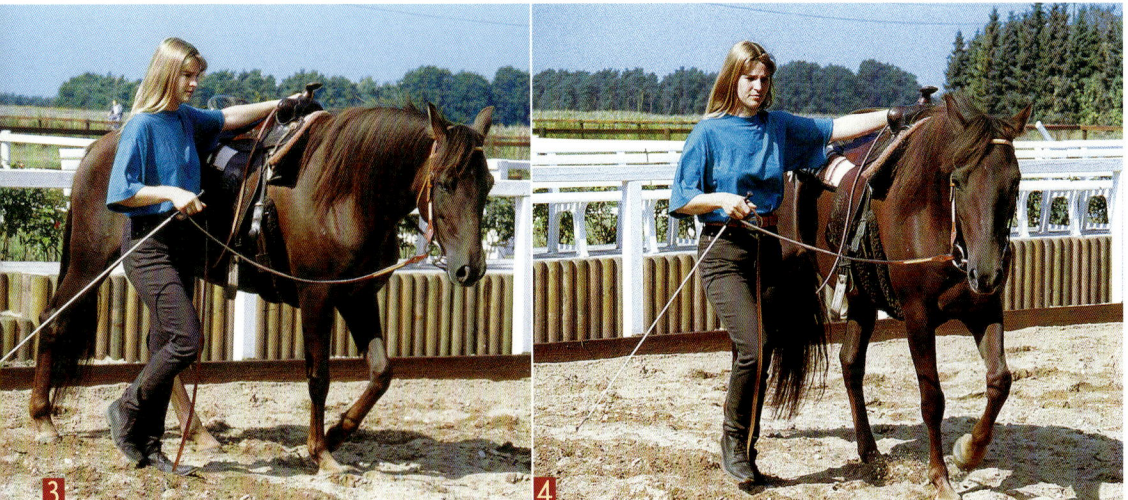

durch die Vorbereitung vom Boden aus geschaffen wurden. Es kennt bereits die Zügelhilfen, die mit Stimme und Gerte kombiniert werden.

Die einzelnen Lernphasen

1 Das Gebiss wird dem Pferd gleichzeitig mit einem Stück Zucker ins Maul geschoben.
2 Einige Male behält das Pferd die Trense im Maul, ohne dass etwas damit gemacht wird.
3 Das Pferd soll dem Druck der Trense nachgeben und seinen Kopf in die Senkrechte nehmen.
4 Die seitliche Biegung wird bei Annehmen eines Zügels verlangt.
5 Der Ausbilder geht neben dem Pferd her, wobei der äußere Zügel über dem Sattel verläuft.
6 Von links oder rechts geführt, werden verschiedene Bahnfiguren und das Anhalten geübt.

Mögliche Fehler und ihre Folgen

• Der Ausbilder gibt nicht rechtzeitig nach, wenn das Pferd auf den Druck des Gebisses im Maul wie gewünscht reagiert.
   ▸ Das Pferd wird unwillig, weil es die Lektion nicht versteht.
• Beim Üben der seitlichen Biegung wird der äußere Zügel nicht genügend locker gelassen.
   ▸ Das Pferd ist verwirrt und bleibt nicht stehen.
• Der Ausbilder lässt sich auf ein Gedrängel ein, wenn er neben dem Pferd hergeht. Er versucht, das Pferd mit seinem Körper wegzuschieben, statt es einmal zu knuffen oder den Gertengriff als Abstandshalter zu benutzen.
   ▸ Das Pferd geht nicht auf Zügelhilfe die gewünschte Linie.

3 Amber hat verstanden, dass sie abwenden soll, und entspannt sich wieder. Der Hals wird abgesenkt. Stets bleibt ihre Aufmerksamkeit bei mir, wie man am Ohrenspiel erkennen kann.

4 Ohne Widerstand läuft Amber auf der gebogenen Linie. Sie hält dabei einen gleichmäßigen Abstand zu mir ein.

Das erste Aufsitzen

Ist das Pferd an den Sattel und die Trense gewöhnt, kann man mit dem Aufsteigen beginnen. Das Pferd sollte zu dieser Zeit bereits gelernt haben, ruhig und geduldig so lange zu stehen wie gewünscht. In einem vorhergehenden Kapitel wurde dieses Thema ausführlich behandelt. Außerdem sollte das Pferd mit der Trense vertraut sein, wie es zuvor beschrieben wurde.

Nochmals wird deutlich, wie fast jede Lektion auf einer vorigen aufbaut. Ein Pferd, das nie Stillstehen gelernt hat, wird auch beim ersten Aufsitzen nicht wissen, dass es ruhig stehen soll. „Sitzt" aber diese Lektion schon einmal, hat man es sehr viel leichter.

Wie wird's gemacht?

Ich stelle das Pferd an eine übersichtliche Stelle des Reitplatzes, sodass es nicht von hinten erschreckt werden kann. Dann nehme ich mir einen Strohballen oder etwas Ähnliches zu Hilfe, damit ich höher stehe, da ich auch im Sattel von oben auf das Pferd einwirken werde.

Auf dem Strohballen stehend, kann ich das Pferd an Dinge gewöhnen, die im Sattel passieren werden: Geräusche, Gewicht

1 So wird das ungerittene Pferd an die Belastung im Sattel gewöhnt. Ein Strohballen erleichtert das Vorgehen. Man erreicht wie beim Reiten eine Höhe über dem Rücken des Pferdes.

2 Von beiden Seiten wird das Pferd an die Belastung im Sattel und an ungewohnte Bewegungen gewöhnt.

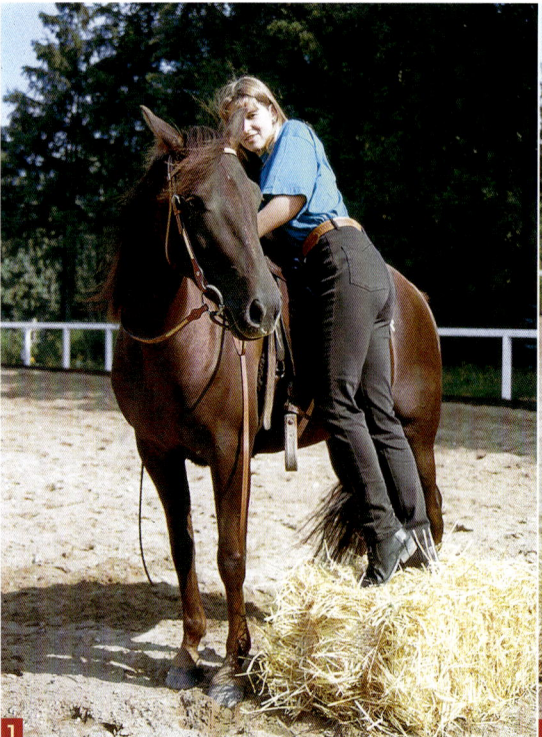

und Bewegungen. Ich klopfe dazu auf den Sattel, klappere mit den Bügeln und lehne mich über den Sattel. Diese Gewöhnung sollte von beiden Seiten durchgeführt werden. Wenn es hierbei kein Erschrecken mehr gibt, kann der Bügel belastet und aufgestiegen werden. Zunächst reicht es aus, nur ein paar Übungen mit der Trense im Stand auszuführen.

Hat das Pferd bereits die Bedeutung der Trense verstehen gelernt, dürfte es die nächsten Male bei den ersten Reitversuchen keine Probleme bei der Richtungsbestimmung geben. Für die Regulierung des Tempos steht zusätzlich die vertraute Stimme mit bekannten Kommandos zur Verfügung. Der Einsatz des Schenkels, der durch die Gerte vorbereitet wurde, kann auch bald hinzukommen. Wie auch die Gerte wirkt der Schenkel entweder treibend oder dient der Richtungsbestimmung. So vereinfacht kann man das natürlich nur für das junge Pferd darstellen.

Wenn man beim Anreiten zunächst so verfährt, dass das Pferd dem Druck des Schenkels immer nachgibt, wird man keine Probleme mit einem schenkelungehorsamen Pferd bekommen, das gegen den Schenkel drängelt. Der am Körper ruhende Schenkel sollte beim Pferd keine Reaktion hervorrufen. Die Beine krampfhaft vom Pferd wegzuhalten wäre falsch,

3 Auch mit der Belastung im Bügel muss das Pferd erst vertraut gemacht werden.

4 Erst wenn das Pferd bei allen Vorübungen völlig ruhig bleibt, sollte man behutsam aufsteigen. Um das Pferd nicht so stark aus dem Gleichgewicht zu bringen, ist auch hier der Strohballen nützlich.

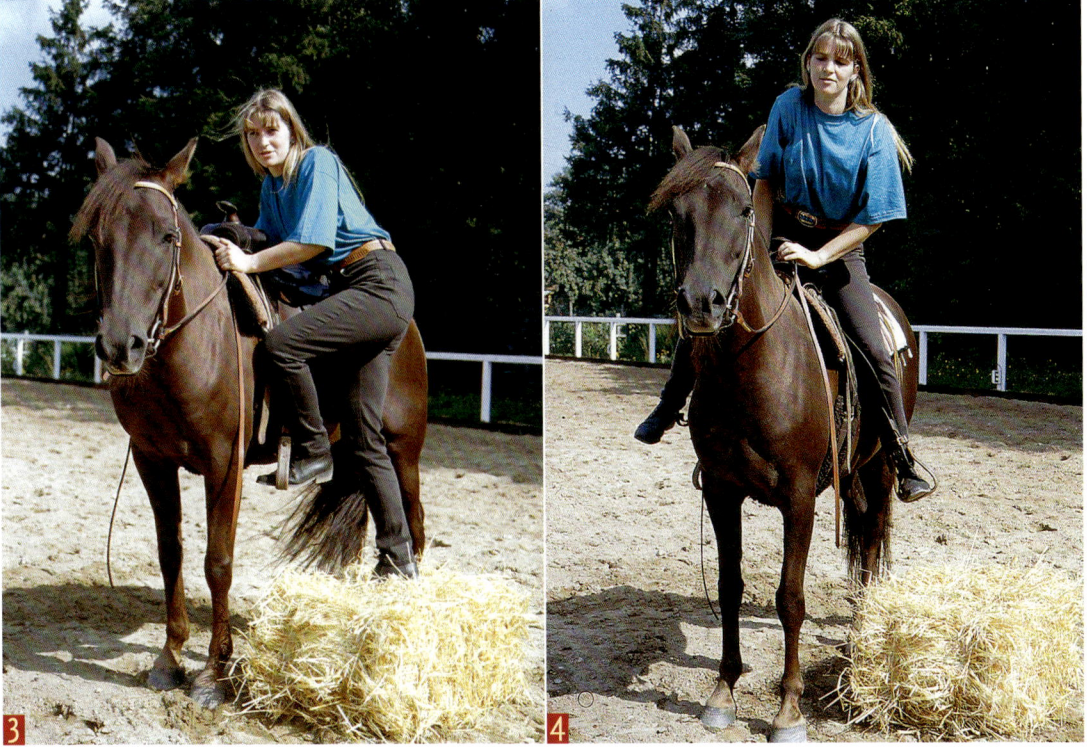

„Ach, du bist das da oben." – Jetzt ist eine gute Gelegenheit, um dem Pferd ein Leckerli zu geben, das zusätzlich auch noch beruhigt.

da besonders sensible Pferde dann auf den unvermittelten Schenkelkontakt oft zu heftig oder erschreckt reagieren. Außerdem ist es nicht sehr bequem, mit abgespreizten Beinen zu reiten. Mit diesen ausführlichen Vorbereitungen sind erste Anfänge für das Reiten gemacht.

Die einzelnen Lernphasen

1 Das Pferd steht neben einem Strohballen. Der Reiter stellt sich darauf und gewöhnt es an die Vorgänge im Sattel.
2 Das Pferd gewöhnt sich an die Belastung des Bügels.
3 Der Reiter macht das Pferd mit dem Auf- und Absteigen vertraut und verlangt vom Sattel aus die bereits erlernten Übungen mit der Trense im Stand.
4 Der Reiter steigt auf und reitet im Schritt an. Das Pferd lernt die ähnliche Bedeutung von Gerte und Schenkel.

Hat das Pferd sich an das Aufsteigen gewöhnt, kann man die Übungen mit dem Gebiss durchführen, die schon vom Boden aus vorbereitet wurden.

Dem Druck im Maul gibt Amber sofort nach und senkt den Kopf. Ohne behutsame Vorbereitung wäre das so entspannt nicht möglich gewesen.

Die seitliche Nachgiebigkeit nach links...

Mögliche Fehler und ihre Folgen
- Das Pferd hat noch nicht sicher gelernt, längere Zeit stillzu-
stehen.
  ▸ Das Pferd wird unruhig. Man kann nicht erkennen, ob das
    Pferd durch die neue Situation beunruhigt ist oder nur
    hampelt, weil es stillstehen soll.
- Der Ausbilder wählt den falschen Zeitpunkt für das erste
  Aufsteigen. Pferd und Reiter sollten an diesem Tag beson-
  ders ausgeglichen sein. Die letzten Übungen mit Trense und
  Sattel dürfen nicht so lange zurückliegen.
  ▸ Das Pferd regt sich stärker auf als nötig. Während einer
    Gewöhnungsphase vergisst das Pferd schnell einmal, was
    es bereits in Ansätzen gelernt hat.

... und nach rechts wird kontrolliert.

Zirzensische Lektionen

Die zirzensischen Lektionen sind das Hauptthema und der Grund, warum man dieses Buch liest, dennoch ist das Erlernen der Übungen des ersten Teils für jedes Pferd sinnvoll, erspart Kämpfe und verbessert seine Eigenschaften als Reitpferd. Bei den folgenden Lektionen steht ein anderer Nutzen im Vordergrund. Die meisten von ihnen verbessern die Beweglichkeit des Pferdes und schulen das Gleichgewicht. Weiterhin erhöhen sie die Lernfähigkeit des Pferdes, machen es aufmerksamer und bieten für Mensch und Tier eine angenehme Abwechslung.

So bewirken alle Übungen ein engeres Verhältnis zwischen Mensch und Pferd. Wer wünscht sich das nicht?

Beine heben

Erste Übungen mit der Gerte beginnen an den Beinen. Das Pferd soll lernen, auf klopfende Berührungen mit der Gertenspitze seine Beine anzuheben. Gleichzeitig lernt es, auf einer Stelle zu stehen, darauf zu achten, was man von ihm möchte, und Vertrauen zur Gerte zu fassen.

Wie wird's gemacht?
Die Gerte sollte für diese Übung nicht zu hart sein, sodass man das Pferdebein weich touchieren oder kitzeln kann. Es können alle Beine von einer Seite aus angefordert werden. Dabei steht das Pferd am besten an einer Bande oder Ähnlichem, um ein seitliches Ausweichen zu vermeiden. Die Berührung mit der Gerte erfolgt von der Seite oder von vorne am Röhrbein. Die Hilfe ist so stark anzusetzen, dass das Pferd reagiert, sollte dabei aber so schwach wie möglich bleiben.

Auf Antippen mit der Gerte hebt Lucky sein Vorderbein. Er bleibt dabei ganz ruhig stehen. Durch meine Position und die Art und Weise, wie ich die Gerte führe, erkennt er, dass es nicht um den Spanischen Schritt geht. Außerdem gebe ich ihm das akustische Kommando für diese Lektion.

Ich begnüge mich zunächst mit dem leichtesten Anlüften des Hufes und belohne sofort. Schlägt das Pferd beim Berühren der Hinterbeine nach der Gerte, geht man so oft wieder auf Kontakt zum Pferdebein, bis das Pferd des Schlagens müde wird. Das gilt nur für die Hinterbeine. Bei ruhigem Anheben des Beines wird gelobt und belohnt und man fährt mit einem anderen Bein fort oder hört ganz auf.

Auf ein deutliches Anheben des gewünschten Beines wird man nicht lange warten müssen, wenn man den folgenden Grundsatz beachtet:

Nicht durch die stärkere Hilfe wird die Reaktion des Pferdes gesteigert, sondern durch das Ausbleiben der Belohnung bei zu geringer Reaktion.

Wie bei vielen kleinen Kunststückchen liegt auch hier die Gefahr nahe, dass aus dem Gewünschten eine Unart entsteht, und zwar das Scharren. Es sollte daher nicht am Anbinder geübt werden, sondern immer nur in der Halle oder auf dem Reitplatz, wenn das Pferd mit Konzentration dabei ist.

Hebt das Pferd wie gewünscht alle Beine, kommt der nächste Schritt. Wurde die erste Übung in Ruhe absolviert, dürfte das kein großes Problem mehr sein. Das Pferd soll jetzt lernen, bei bestehender Berührung der Gerte das Bein nicht wieder abzusetzen. Tut es das doch, muss es das Bein wieder anheben. Man sollte dem Pferd dann nach kurzer Zeit ein Kommando zum Abstellen des Beines geben. Es wird erst dann belohnt, wenn das Bein wieder steht. Stellt das Pferd sein Bein vorzeitig wieder ab und bekommt keine Belohnung, wird es sehr bald begreifen, dass es auf das Ende der Übung warten soll.

Lucky hält das Hinterbein so lange in die Luft, wie ich es mit der Gerte berühre.

Die einzelnen Lernphasen

1 Das Pferd steht still und weicht nicht vor der Gerte weg.
2 Das Bein wird auf Berührung angehoben.
3 Das Pferd bekommt Vertrauen zur Gerte und schlägt nicht nach ihr aus.
4 Das Bein bleibt so lange in der Luft, wie die Gerte auf Kontakt ist.

Mögliche Fehler und ihre Folgen

• Das Pferd hat noch nicht gelernt, ruhig zu stehen.
  ▸ Bei der Übung beginnt es herumzuhampeln.
• Der Ausbilder verliert die Geduld und verstärkt die Hilfen, weil das Pferd erst fast gar nicht reagiert.
  ▸ Das Pferd ist verwirrt, bekommt Angst oder schlägt nach der Gerte.

Wichtig ist noch zu sagen, dass das Pferd nie belohnt werden sollte, wenn es unaufgefordert ein Bein hebt oder scharrt. Am besten, man geht darüber hinweg oder verhindert es sachte, wenn es nicht aufhört. Besonders während der Zeit, in der das Pferd eine neue Lektion lernt, versucht es, sie gerne auch einmal ungefragt anzubringen. Auf keinen Fall darf dann gestraft werden, wenn das Pferd das macht, was es sowieso lernen soll, aber wir müssen es in gewünschte Bahnen lenken.

Lucky beachtet das Zeichen, das ich ihm mit der Gerte gebe, und streckt sein Bein nach vorn in die Luft. Im Gegensatz zum Spanischen Schritt bleibe ich auf einer Stelle stehen.

Bein strecken

Eine Erweiterung der vorigen Lektion ist das Strecken des Beines nach vorne.

Wie wird's gemacht?

Man stellt sich auf die Seite des Pferdes, auf der es das Vorderbein anheben soll. Dabei schaut man in die gleiche Richtung wie das Pferd. Soll das linke Bein gestreckt werden, steht man also auf der linken Seite, hält den Strick mit der rechten und die Gerte mit der linken Hand.

Das Vorderbein des Pferdes wird von vorne angetickt. Hebt das Pferd das Bein, führt man die Gerte nach vorne und wedelt ein bisschen in der Luft mit ihr. Immer wenn das Pferd sein Bein einen Moment ruhig nach vorne hält, wird es belohnt und die Gerte abgesenkt. Das Absenken der Gerte bedeutet für das Pferd das Ende der Lektion.

Später kann man dazu übergehen, mit der Gerte nur noch Zeichen zu geben: Die ausgestreckte Gerte neben dem Vorderbein bedeutet, dass das Pferd auch sein Bein strecken soll. Das kann schon als Kommando genügen.

Das Absenken der Gerte heißt Abstellen des Beines.

Beine zusammen („Bergziege")

Es gibt eine Übung aus dem 19. Jahrhundert, die ich hier auf-
greifen möchte. Dort wurde sie als Vorübung für die Piaffe bei
untalentierten Pferden beschrieben. Darauf möchte ich hier
nicht näher eingehen, sondern mich mit einigen auch für uns
nützlichen Effekten beschäftigen. Das Pferd tritt bei dieser Lektion mit seinen Hinterbeinen ganz nah an die Vorderbeine
heran und senkt Kopf und Hals ab. Auf diese Weise wird die
Muskulatur des Rückens und der Hinterhand gedehnt. Das
Pferd erhält so die Möglichkeit unterzutreten, ohne Verspan-
nungen durch die ungewohnte Dehnung zu bekommen.
Außerdem bedeutet Dehnung auch immer Kräftigung eines
Muskels.

Gleichzeitig lernt das Pferd, das Gleichgewicht bei kleiner
Unterstützungsfläche zu halten. Damit der Hals gestreckt wird,
sollte die Belohnung tief über dem Boden gegeben werden. Die
Übung hat dadurch auch einen positiven Effekt auf Pferde, die
sich zu hoch aufrichten und als Folge davon verspannen.

Diese Lektion hat also positive Auswirkungen auf die Eigenschaften des Pferdes als Reitpferd.

Außerdem benutzen wir sie später als Vorübung für das
Hinlegen und für die Bergziege auf den Podest. Auch hier baut
also wieder eine Übung auf der anderen auf.

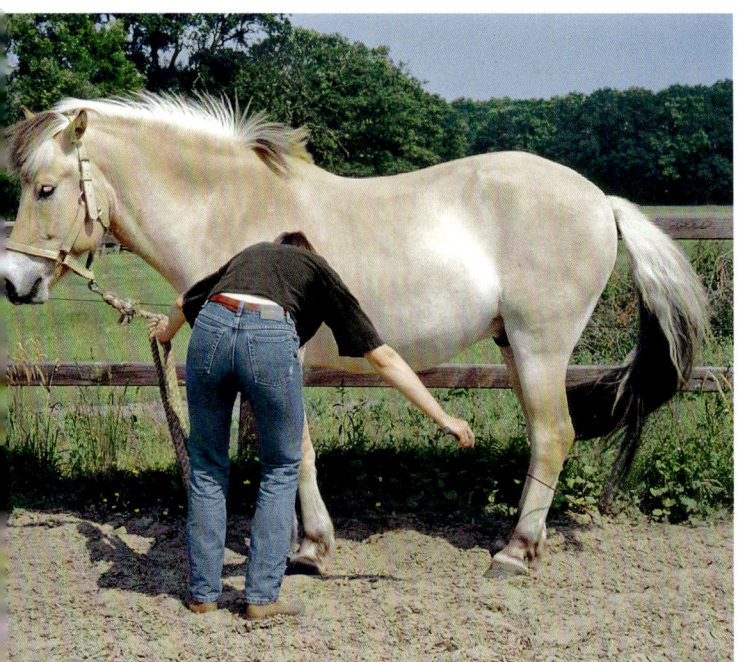

Ellen streicht von hinten an Ophirs Röhrbein entlang. Weiter stellen die Pferde
in der ersten Übungszeit ihre Beine noch
nicht zusammen.

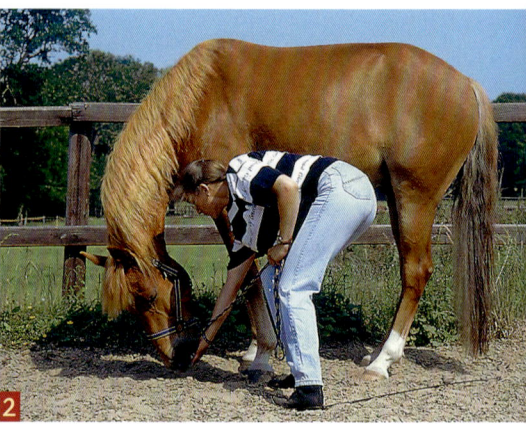

1 Canyon kennt die Übung schon etwas länger. Regine fordert ihn auf, die Hinterbeine noch weiter nach vorn zu nehmen, ...

2 ... und belohnt ihn sofort, als er sich entsprechend hinstellt.

Wie wird's gemacht?

Das Pferd wird auf den Hufschlag gestellt. Es ist sinnvoll, eine seitliche Anlehnung zu haben, damit das Pferd nicht zur Seite ausweichen kann. Außerdem erleichtert es dem Pferd die Übung von anderen zu unterscheiden, die eher in der Bahnmitte stattfinden.

Der Ausbilder steht innen auf der linken Seite des Pferdes, die linke Hand am Kopf. Mit der rechten Hand wird die Gerte gehalten. Ich übe diese Lektion grundsätzlich nur aus dieser Position, um das Pferd nicht zu verwirren.

Das Pferd sollte bereits gelernt haben, bei Berührung mit der Gerte das entsprechende Bein anzuheben. Es ist darauf zu achten, dass die Vorderbeine ordentlich nebeneinander stehen.

Nun wird mit der Gerte von hinten am Röhrbein des Hinterbeines entlang gestrichen oder vibrierend touchiert, je nachdem, wie sensibel das Pferd reagiert. Gelobt wird, wenn das Bein näher am Vorderbein abgesetzt wird als vorher. Danach wird das andere Hinterbein ebenso herangeholt. Funktioniert das zuverlässig, kommt das Stimmkommando hinzu. Anfangs muss man sich bereits mit sehr kleinen Erfolgen zufriedengeben. Macht das Pferd Schwierigkeiten, weil es sich immer wieder durch einen Schritt nach vorne entzieht, sollte man jemanden zur Hilfe nehmen, der am Kopf steht und das Vorwärtsgehen verhindert. Zum besseren Verständnis für das Pferd kann man auch erst einmal die Beine anfassen und etwas weiter nach vorne stellen. Dazu greift man am besten mit der linken Hand oberhalb des Sprunggelenks an das Bein und schiebt es sanft nach vorne. Mit der rechten Hand touchiert man dabei gleichzeitig mit der Gerte.

Nach der Belohnung, die man stets tief und bei geradem Hals gibt, wird die Übung mit einem Kommando, beispielsweise „Auf" oder „Vor" durch einen Schritt nach vorne aufgelöst.

Bonustipp Bergziege

Neigt das Pferd bei der Übung dazu, mit der Vorhand nach innen zu drängen, kann es helfen, den Führstrick von außen über den Hals zu legen. Dann kann man jederzeit leicht das Ende ergreifen, um das Pferd besser außen zu halten.

Das Pferd kann seine Beine bis auf wenige Zentimeter zusammenstellen, aber dafür braucht man einige Wochen Geduld, um die Muskulatur nicht zu überfordern.

Die einzelnen Lernphasen

1. Das Pferd begreift die Bedeutung der Berührung mit der Gerte von hinten am Bein. Es hebt die Hinterbeine und stellt sie weiter vorne wieder ab.
2. Das Pferd geht erst nach Aufforderung wieder vorwärts.
3. Die Vorder- und Hinterbeine kommen sich Woche für Woche näher.

Mögliche Fehler und ihre Folgen

- Es wird nicht auf dem Hufschlag geübt.
  - ▸ Das Pferd gewöhnt sich an, mit der Hinterhand zur Seite auszuweichen.
- Man möchte zu schnell zuviel erreichen.
  - ▸ Das Pferd lernt nicht, die Vorderbeine stehenzulassen und sich zu entspannen.

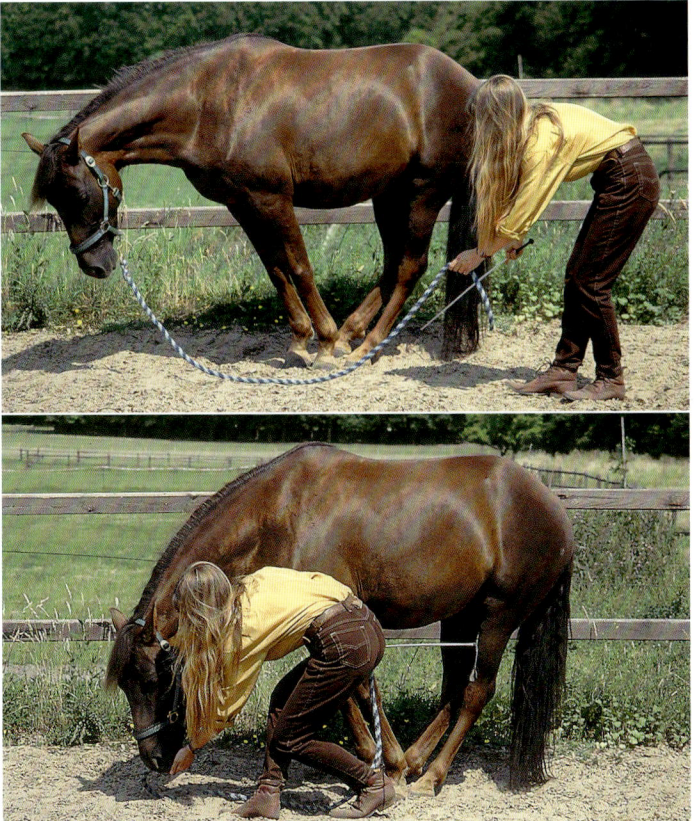

So kann die Übung nach etlichen Wochen Training aussehen. Man kann sich vorstellen, dass Hals, Rücken- und Hinterhandmuskulatur gut gedehnt werden.

Natürlich hat sich Amber bei so guter Mitarbeit eine Belohnung verdient, die tief unten gegeben wird.

Der Spanische Schritt

An der Hand

Der Spanische Schritt ist ein Schritt, bei dem die Vorderbeine bis zur Waagerechten oder darüber hinaus gehoben werden. Die Schrittfolge wird dabei etwas verlangsamt, aber nicht verändert. Er kann an der Hand und unter dem Reiter ausgeführt werden. Ich beginne immer vom Boden aus, den Spanischen Schritt zu lehren. Hat das Pferd den Spanischen Schritt erlernt, kann er in Situationen, in denen das Pferd sehr aufgeregt ist und zu „explodieren" droht, als Möglichkeit zum Abreagieren genutzt werden. Die Energie des Pferdes wird so in gut steuerbare Bahnen gelenkt. Ein weiterer positiver Effekt des Spanischen Schrittes ist die verbesserte Beweglichkeit der Schulter.

Wie wird's gemacht?

Das Pferd sollte bereits gelernt haben, wie schon zuvor beschrieben, den Huf zu heben, wenn es am Bein touchiert wird. Nun ist alles eine Frage des richtigen „Timings".

Da der Spanische Schritt eine Vorwärtsbewegung mit Schrittfolge ist, muss von Anfang an darauf geachtet werden, dass diese nicht verlorengeht. Deshalb werden erst nur einzelne Schritte verlangt, bevor man als nächste Übung mit der „Polka" beginnt, d. h., das Pferd streckt z. B. das linke Vorderbein, macht zwei normale Schritte und streckt dann das rechte Vorderbein usw. Auf diese Weise muss es nach jedem Heben und Strecken auch mit den Hinterbeinen wieder mittreten. Man vermeidet so, dass es nur mit den Vorderbeinen läuft und dabei immer länger wird.

Lucky im Spanischen Schritt. Ich gehe im Gleichschritt mit, das verbessert den flüssigen Bewegungsablauf. Dabei bleibe ich etwas weiter hinten als sonst, damit das Pferd nicht das Gefühl hat, nach mir zu treten.

Wie veranlasse ich aber nun mein Pferd dazu, sein Bein zu heben und nach vorn zu strecken? Auch hier ist wieder die Taktik der kleinen (Fort)Schritte wichtig.

Das Prinzip funktioniert so: Ich führe das Pferd von der linken Seite mit der rechten Hand, die Gerte in der linken Hand. Ich muss es jetzt in dem Augenblick abbremsen, in dem es den linken Huf heben will, und berühre das Bein gleichzeitig mit der Gerte. Es wird belohnt, wenn es diesen Schritt betont ausführt. Anfangs müssen wir uns schon freuen, wenn das Pferd nur zögert, das Bein normal schnell abzusetzen, oder es vielleicht auch schon ein bisschen höher hebt.

Dann gehe ich mit dem Pferd zwei Schritte. Ich kann dabei mit der Gerte hinter meinem Rücken von hinten etwas treiben, je nachdem, wie fleißig das Pferd vorgeht. Nun bremse ich wieder und berühre das rechte Bein im Moment des Abfußens. Auf keinen Fall darf zu spät abgebremst werden, also wenn der Schritt mit diesem Bein schon fast beendet ist, denn das Pferd kann kurz vor dem Auffußen das Bein nicht mehr höher heben.

Um dem Pferd das Heben des Beines noch zu erleichtern, dreht man den Kopf immer etwas von diesem Bein weg. Es hat so mehr Schulterfreiheit.

Bei der eigenen Stellung zum Pferd muss man darauf achten, nicht vor das Pferd zu geraten und es dadurch zu bremsen, denn es wäre so gezwungen, in die Richtung des Menschen zu treten. Bei der eigenen Haltung muss darauf geachtet werden, dass man nicht schlapp und krumm nebenherläuft, sondern passend zur Lektion aufrecht und voller Energie. Keine Sorge,

Bonustipp Polka

Klar, jeder kann bis drei zählen. Es empfiehlt sich aber trotzdem, diesen Rhythmus, also bei jedem dritten Schritt anzuhalten, zunächst „trocken" zu üben. Am besten geht das sogar, wenn Mensch und Mensch zusammen üben. Man kann dann genau spüren, wann der richtige Moment zum Abbremsen ist und die Geduld des Pferdes wird geschont. Danach übt man mit dem Pferd nur Gehen und Anhalten im Dreier-Rhythmus, ohne das Bein anheben zu lassen. Tritt das Pferd abwechselnd links und rechts an, hat man richtig gezählt und das Üben der Polka kann beginnen.

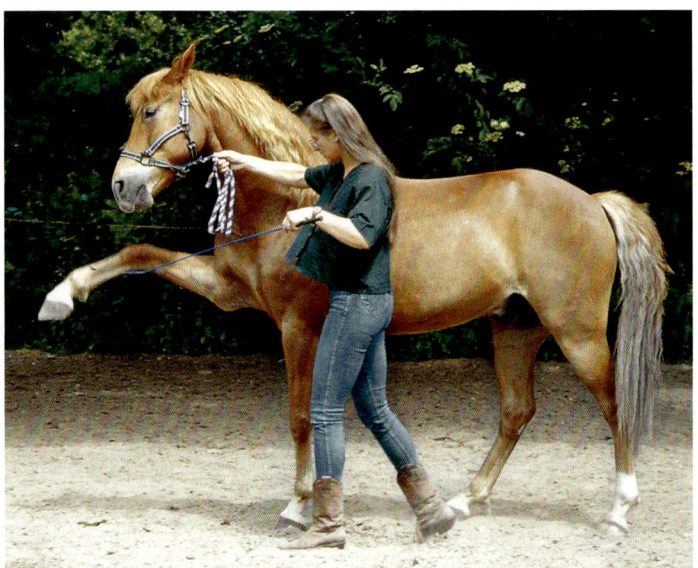

Canyon bei einem ausdrucksvollen Spanischen Schritt. Da er das rechte Bein hebt, könnte sein Kopf etwas weiter links sein. Noch ist die Lektion keine Routine für die beiden, aber Canyon geht mit den Hinterbeinen schon gut mit.

Ellen und Ophir im Spanischen Schritt. Die Schrittfolge ist gut erhalten.

1 Lukka zeigt schon einen schönen Spanischen Schritt. Ich muss aufpassen, dass ihr Kopf nicht zu tief kommt.

2 Spätestens jetzt sollte das Pferd wieder hinten mitgehen.

wenn der Schritt nicht nach vorne erweitert, sondern das Bein nur unter den Bauch genommen wird. Für jede gewünschte Reaktion wird das Pferd sofort belohnt. Es wird bald merken, dass die Belohnung mit dem Heben des Beines zusammenhängt, und bald auch einmal fordernd nach vorne ausholen und einen kräftigen Schritt machen. Zeigt das Pferd immer einen deutlich erhöhten Schritt, kann ein Stimmkommando

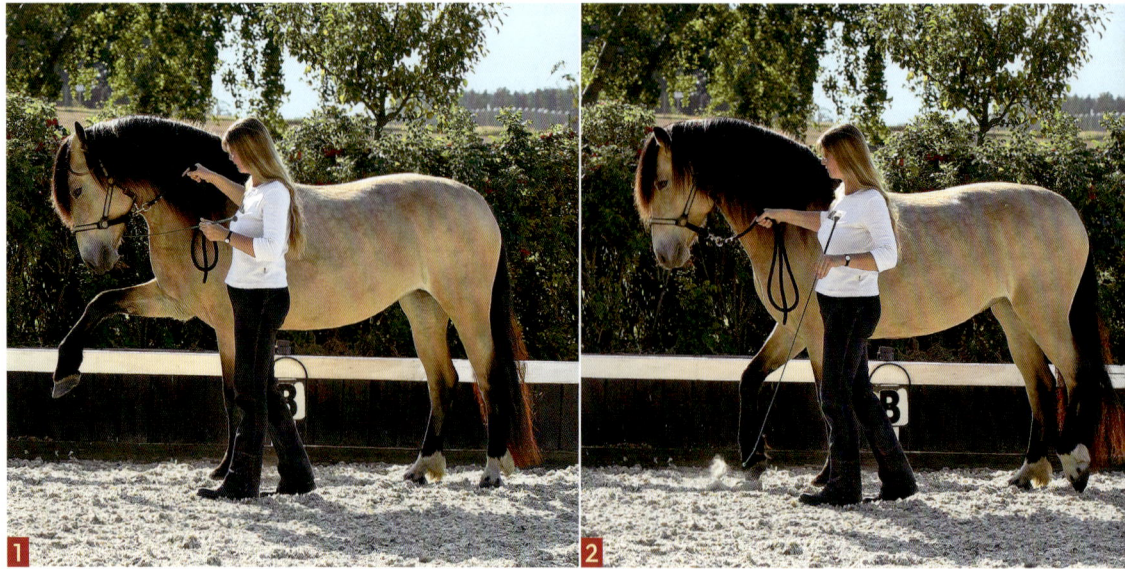

1

2

eingesetzt werden. Bei zu schwachen Reaktionen sollte die Belohnung dann ausbleiben, wenn das Pferd im Prinzip schon begriffen hat, worum es geht. Nun kommt es noch darauf an, einen gleichmäßigen, flüssigen Rhythmus zu finden.

Nachdem man zuerst nur einzelne Schritte geübt hat, geht man zu der „Polka" über. Gelingt diese dann so, dass sie beliebig fortgesetzt werden könnte, ist es Zeit für den Spanischen Schritt.

Es sollten zuerst nicht mehr als vier zusammenhängende Schritte geübt werden. Nie darf so lange versucht werden, bis dann der letzte Schritt völlig ausdruckslos bleibt. Lieber nur ein paar Schritte, aber mit gelungenem Abschluss. Erst wenn alles sicher klappt, können auch längere Strecken „Spanisch geschritten" werden.

Die einzelnen Lernphasen

1 Das Pferd hebt bei Berührung mit der Gerte das Bein an.
2 Direkt aus dem Anheben des Beines macht das Pferd einen Schritt.
3 Die „Polka" wird eingeübt.
4 Das Pferd streckt seine Vorderbeine von Schritt zu Schritt.

Die einzelnen Hilfen

1 Der Ausbilder führt das Pferd von links mit der rechten Hand, die Gerte in der linken Hand.
2 Das Pferd wird leicht abgebremst. Soll das linke Bein angehoben werden, muss das Abbremsen erfolgen, wenn das rechte Vorderbein belastet wird.

Bonustipp Spanischer Schritt

Beim Üben des Spanischen Schritts sollte darauf geachtet werden, abwechselnd mal rechts und mal links zu beginnen. Dadurch wird das Heben der Vorderbeine schön gleichmäßig gefördert.

1 Mit der rechten Hand drücke ich Ambers Hals etwas zur Seite, damit sie mehr Freiheit mit dem linken Bein hat.

2 Der Spanische Schritt fördert die Beweglichkeit der Schulter.

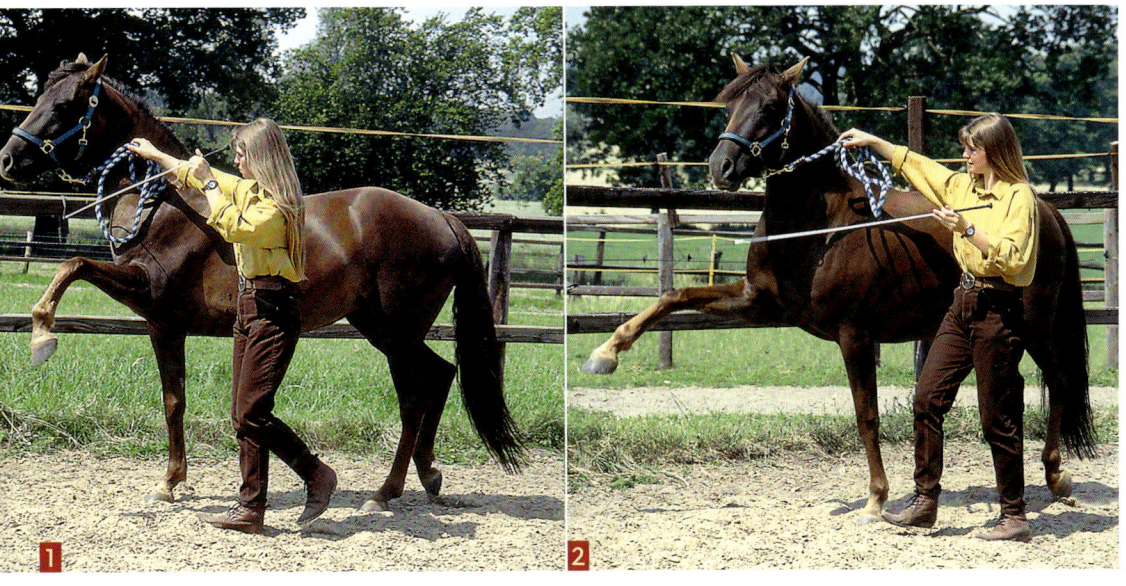

Auch 15 Jahre später als auf den anderen
Fotos sieht Amber im Spanischen Schritt
genauso frisch aus.

3 Die Gerte zeigt auf oder berührt das zu streckende Vorderbein des Pferdes.
4 Gleichzeitig mit dem Heben des Beines wird der Kopf des
  Pferdes ein wenig von diesem Bein weggedreht.
5 Das Pferd wird vorgelassen, bis es das vorher angehobene
  Bein belastet. Dann kann das andere Bein angehoben werden.

Mögliche Fehler und ihre Folgen
- Der Ausbilder hat keine Geduld und erwartet zu früh zu aus-
  drucksvolle Schritte. Er gibt zu starke Hilfen.
  - ▸ Das Pferd wird ärgerlich, beginnt zu stampfen und verliert
    den Spaß an der Sache.
- Das Pferd wird zu spät abgebremst, bevor man einen erhöh-
  ten Schritt fordert.
  - ▸ Das Pferd verlagert sein Gewicht schon wieder auf dieses
    Vorderbein und kann es nicht noch mehr anheben.
- Man lässt das Pferd zu früh losgehen.
  - ▸ Es macht nur einen flachen, normalen Schritt vorwärts.
- Es werden zu früh zusammenhängende Spanische Schritte
  verlangt.
  - ▸ Das Pferd tritt mit seinen Hinterbeinen nicht mehr gleich-
    mäßig mit.

Unter dem Reiter

Am einfachsten ist es, wenn man mit einem Helfer vom Boden aus beginnt. Oft funktioniert es am Anfang besser, wenn weiterhin die vertraute Person am Boden mitgeht und ein anderer das Pferd reitet. Natürlich ist es von Vorteil, wenn diese Person das Pferd ebenfalls kennt.

Die Person am Boden gibt mit der Gerte weiterhin die bekannten Hilfen, der Reiter übernimmt insofern die Führung, als er den Rhythmus bestimmt, in dem das Pferd abgebremst und getrieben wird. Die stimmlichen Hilfen werden ebenfalls weiter wie bisher gegeben. Der Reiter achtet auch darauf, dass das Pferd im Körper gerade bleibt und die Schulter des zu streckenden Beines etwas entlastet wird, indem der Hals leicht zur anderen Seite gestellt wird. Funktioniert alles harmonisch, kann der Ausbilder selbst aufsitzen und nun alle Hilfen von oben geben. Zur leichteren Verständigung kann die Gerte an der Schulter des Pferdes eingesetzt werden. Das Pferd wird die Gertenhilfe auch dort verstehen.

Manchmal empfiehlt es sich, anfangs mit zwei Gerten zu reiten, um jedes Bein zu gleichmäßigen Tritten zu veranlassen.

Die Hilfen für den Spanischen Schritt noch einmal deutlich: Die Gerte wird an der Schulter eingesetzt, der linke Schenkel wird angedrückt, der rechte Zügel weich angezogen. Der Hals bleibt gerade gerichtet.

Danny mit seiner Reiterin Tanja im Spanischen Schritt. Obwohl er ihn erst im hohen Alter erlernt hat, genügen leichteste Hilfen für die Ausführung.

Nun kommen noch die Schenkelhilfen und etwas gezieltere Zügelhilfen hinzu. Es wird für einen Schritt jeweils der gegenüberliegende Schenkel eingesetzt, um den Schritt sozusagen „herauszudrücken" also: Linkes Bein soll angehoben werden, rechter Schenkel wird angedrückt. Es darf wirklich nur gedrückt und nicht geklopft oder gewackelt werden.

Die Zügel werden wie von einem Marionettenspieler eingesetzt. Für das linke Bein wird der linke Zügel in der Waagerechten angezogen, aber Achtung: ohne dass der Kopf nach links gezogen wird. Das verhindert der anstehende rechte Zügel. Wichtig ist, dass weder Zügel noch Schenkelhilfen ruckartig erfolgen, sie müssen langsam, aber bestimmt sein.

Auch unter dem Reiter ist es sinnvoll, mit der „Polka" zu beginnen und dann erst zu wenigen „Spanischen Schritten" überzugehen.

Je nach Geschick des zur Verfügung stehenden Helfers kann der Ausbilder auch die Rolle des Reiters übernehmen, die für den Anfang die etwas leichtere ist. Die Person am Boden sollte stets auch ansagen, welches Bein gehoben wird und wie gut. Bei Pferden, denen der Spanische Schritt leichtfällt, kann der Übergang vom Führen zum Reiten auch alleine vorgenommen werden.

Die einzelnen Hilfen des Reiters

1 Mit der Stimme wird die gewohnte Anweisung gegeben.
2 Das Pferd wird leicht abgebremst, wenn das rechte Vorderbein Gewicht aufnimmt. Das linke Bein soll gehoben werden.
3 Der linke Zügel wird weich, ohne Ruck, angezogen.
4 Gleichzeitig wird der rechte Schenkel angedrückt.
5 Nach Ausführung des Schrittes wird nachgegeben und für den nächsten Schritt genauso verfahren.

Mögliche Fehler und ihre Folgen

• Der Reiter schaut nach unten, beugt sich dabei zur Seite vor, um zu sehen, wie hoch das Pferd sein Bein hebt.
  ▸ Das Pferd wird stärker auf der Seite belastet, die eigentlich entlastet werden sollte. Durch den vorgebeugten Oberkörper kann der Reiter nicht mehr genügend treibend einwirken. Zur Abhilfe dieses Problems sollte ein Helfer die Reaktionen des Pferdes ansagen.
• Das Pferd geht mit der Hinterhand schräg zu einer Seite.
  ▸ Zum Ausgleich werden für das Heben des zum Beispiel linken Beines beide Schenkel eingesetzt, wenn das Pferd auf den rechten Schenkel alleine mit einem Ausweichen der Hinterhand nach links reagieren würde. Der linke Schenkel verhindert also das Ausweichen, der rechte Schenkel ist die Hilfe für das Heben des Vorderbeines.

Das Podest

Das Besteigen eines Podestes ist nicht nur eine schön anzu-
sehende Übung. Sie hat auch einen Nutzen, der in den Alltag
übertragen werden kann. Wenn das Pferd gelernt hat auf
Wunsch auf einen vielleicht unbekannten, hölzernen und
erhöhten Untergrund zu treten, wird es auch williger auf die
Hängerrampe, über eine Holzbrücke oder eine Stufe hinauf
gehen. Es hat gelernt, dem Menschen zu vertrauen, wenn der
sagt, dass der Untergrund in Ordnung ist.

Wie wird's gemacht?

Für den Anfang ist es günstig, einen Helfer zu haben. Das
Pferd wird ruhig und gerade vor das Podest gestellt. Dabei darf
es gerne daran schnuppern, um zu diesem fremden Gegenstand ersten Kontakt aufzunehmen. Nun ist es wichtig, in wel-
chem Abstand das Pferd vor dem Podest steht. Er sollte so
gewählt werden, dass man ein Vorderbein im gestreckten
Zustand auf das Podest stellen kann. Wäre das Bein gewinkelt,
würde es dem Pferd deutlich schwerer fallen, damit Gewicht
aufzunehmen, um dann nach oben klettern zu können. Das
Bein wird von dem Helfer nach oben gesetzt und freundlich
fixiert. Der Pferdeführer stellt sich nun dem Pferd gegenüber
und lockt es vorwärts-aufwärts auf das Podest. Es gibt Pferde,
die sich leicht dazu entschließen, das oben stehende Bein zu
belasten und einen Schritt nach vorne zu machen. Ihnen muss
man nur eine leichte Hilfestellung am zweiten Bein leisten,
damit auch dieses auf dem Podest landet.

Viele Pferde gehen gerne auf ein
Podest. Vielleicht, weil sie sich dann
besser umschauen können?

Das Podest übt man am besten anfangs mit einem Helfer.

Der Pferdeführer stellt das erste Bein auf das Podest und nimmt die Hand mit dem Futter zur Pferdenase.

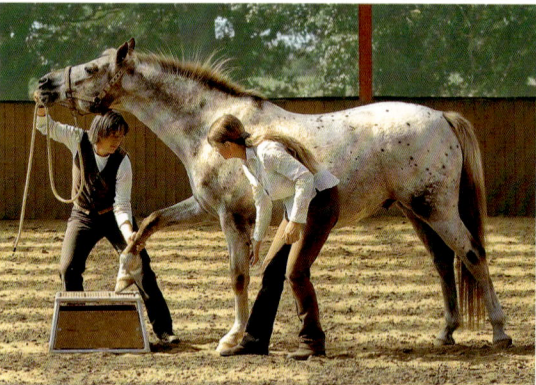

Der Helfer greift zum zweiten Bein.

Nun wird begonnen, das Pferd aufwärts anzulocken. Sobald das Pferd Gewicht mit dem Bein auf dem Podest aufnimmt, greift der Helfer zu ...

... und setzt das zweite Bein nach oben.

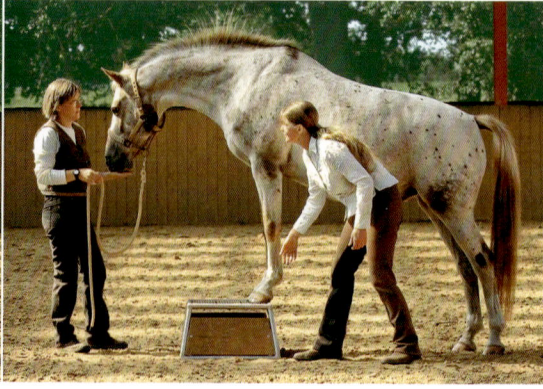

Steht das Pferd sicher oben, bekommt es eine Belohnung und der Helfer lässt das Bein los.

Huch, das sieht irgendwie falsch herum aus.

Eine weitere Variante ist für Pferde gedacht, die nicht ganz so leicht diesen Schritt nach vorne wagen. Dabei hält der Pferdeführer das obenstehende Bein fest. Der Helfer steht auf der anderen Seite und kann nun besser das noch auf der Erde stehende Bein greifen. So kann er bei Bedarf etwas an dem Bein ziehen und wackeln, um das Pferd dazu zu veranlassen, sein Gewicht auf das bereits oben stehende Bein zu verlagern. Dann wird es möglich, das zweite Bein, notfalls mit etwas sanfter Kraft, ebenfalls auf das Podest zu heben. Natürlich wird das Pferd für jeden Schritt in die richtige Richtung deutlich gelobt und belohnt. Von Mal zu Mal wird es immer bereitwilliger und selbstständiger mitmachen.

Nun kommt die nächste Phase. Das erste Bein wird nach wie vor auf das Podest gesetzt. Dann wird das Pferd angelockt und sollte nun mit dem zweiten Bein selbstständig nachkommen. Eventuell kann man etwas helfen, das Bein an der richtigen Stelle zu platzieren.

Im nächsten Schritt soll das Pferd das erste Bein von sich aus heben. Als Hilfe kann das Bein mit der Gerte angetippt werden. Diese Hilfe ist bereits aus der Übung des Beine Hebens bekannt. Dabei steht man am besten dem Pferd bereits gegenüber, sodass sich das Podest zwischen Mensch und Pferd befindet. Mit etwas Geschick und einem kleinen Zug am Halfter im richtigen Moment, kann das Pferd dazu veranlasst werden, auf das Podest zu steigen, wenn es das Bein hoch genug gehoben hat.

Bonustipp Absteigen

Soll das Pferd vom Podest wieder absteigen, ist darauf zu achten, dass es einen großen Schritt rückwärts zurückgeht. Andernfalls könnte es unsicher über die Kante rutschen. Anfangs darf man nicht zu lange warten, damit das Pferd nicht von sich aus zurückzieht.

In der letzten Lernphase braucht das Pferd nur noch passend vor das Podest geführt werden und steigt dann selbstständig auf. Jetzt ist der Zeitpunkt gekommen, der Übung einen Namen zu geben. Dieses Kommando wird dann immer gesagt, wenn das Pferd den Schritt nach oben beginnt. Steht es sicher oben, darf nie das Lob und die Belohnung vergessen werden.

Die einzelnen Lernphasen

1 Das Pferd wird vor das Podest gestellt, ein Bein auf das Podest gesetzt und etwas fixiert. Dem zweiten Bein muss noch mit etwas Kraft auf das Podest geholfen werden. Dabei wird das Pferd nach vorne oben angelockt. Am besten arbeitet man zu zweit.
2 Es beginnt wie bereits bekannt. Nur braucht man jetzt für das zweite Beine weniger Kraft, weil das Pferd schon weiß, wie die Übung weitergeht.
3 Dem Pferd wird eine Touchierhilfe gegeben, um das erste Bein anzuheben und auf das Podest zu setzen.
4 Das Pferd wird vor das Podest geführt und mit einem Kommando dazu aufgefordert, auf das Podest zu steigen. Stets gibt es Lob und eine Belohnung, wenn das Pferd auf dem Podest steht. Anschließend wird es immer mit einem großen Schritt rückwärts aufgefordert, wieder hinab zu steigen.

Mögliche Fehler und ihre Folgen

• Der Abstand zum Podest stimmt nicht. Das Pferd steht zu dicht davor.
  ▸ Das erste Bein auf dem Podest kann nicht durchgestreckt werden und das Pferd mag nicht aufsteigen.
• Dem zweiten Bein wird nicht schnell genug Hilfe geleistet, wenn das Pferd mit diesem den Boden verlässt.
• Es findet nicht den richtigen Platz, um das Bein abzustellen, verliert das Gleichgewicht oder steht unsicher auf der Kante.
  ▸ Das Pferd verliert das Vertrauen in die Übung und macht nicht mehr so gerne mit.
• Es wird nicht in die richtige Richtung angelockt, nur nach vorne und nicht auch nach oben.
  ▸ Das Pferd versteht nicht, dass es sich auch um eine Aufwärtsbewegung handelt und nimmt nicht richtig Last mit dem obenstehenden Bein auf.
• Man wartet zu lange, bevor das Pferd wieder zum Absteigen aufgefordert wird.
  ▸ Das Pferd will von alleine absteigen, zieht am Strick und wehrt sich. Es kommt zu einem unharmonischen Ende der Übung.
• Zum Absteigen gerät der Schritt rückwärts zu klein.
  ▸ Das Pferd rutscht über die Kante des Podestes und landet unsicher auf dem Boden.

Bergziege auf dem Podest

Diese Version ist eine Übung für Fortgeschrittene, was sich sowohl auf das Pferd als auch auf den Menschen bezieht. Einmal erlernt, ist es eine beeindruckende und anspruchsvolle Lektion, die viel Vertrauen, präzise Mitarbeit, gutes Gleichgewicht und hohe Beweglichkeit des Pferdes erfordert. Voraussetzung ist die Bergziege auf dem Boden und der vertraute Umgang mit dem Podest.

Wie wird's gemacht

Zunächst muss das Pferd erkennen, dass es auch mit den Hinterbeinen auf das Podest treten kann. Es gibt zwei Möglichkeiten, das Pferd daran zu gewöhnen. Entweder versucht man es so über das Podest zu führen, dass mindestens ein Hinterbein einmal auf das Podest tritt oder man fordert das Pferd zur Bergziege auf, während es mit den Vorderbeinen bereits oben steht.

Bei dieser Übung ist der Clicker sehr hilfreich. Es ist eine klassische Situation, in der das Prinzip des Clicker-Trainings

Die „Bergziege" auf einem Podest stellt besondere Ansprüche an Balance und Beweglichkeit.

Bevor Amber zur Bergziege auf das
Podest steigen kann, müssen die Vorderbeine etwas weiter vor ...

... damit auch für die Hinterbeine Platz
auf der kleinen Fläche frei ist.

So gelassen kann ein Pferd in den selt-
samsten Positionen bleiben, wenn es mit
ihnen vertraut ist.

gut zum Einsatz kommen kann. Mit dem Clicker lässt sich der Moment sehr genau markieren, in dem ein Hinterhuf auf das Podest tritt. Dadurch erkennt das Pferd schnell, worauf es ankommt. Nach dem Klick bleibt dann Zeit genug, um die Belohnung zu geben. Mit der Zeit kann man versuchen, den Moment, den das Pferd mit den Hinterbeinen auf dem Podest verweilt, zu verlängern. Gelingt es dann, das Pferd zu stoppen, wenn beide Hinterhufe auf dem Podest stehen, ist ein wichtiger Schritt geschafft. Die ersten Male darf es dabei mit den Vorderbeinen nach vorne ausweichen. Sobald es etwas gesichert ist, dass beide Hinterbeine auf dem Podest abgestellt werden, sollte das Pferd nicht nach vorne entlassen werden, sondern sich mit allen vier Hufen auf dem Podest ausbalancieren. Wie gesagt, bis zu diesem Punkt kann man auf zwei verschiedene Arten gelangen, entweder mit dem Führen über das Podest oder durch den Ansatz zur Bergziege auf dem Podest. Ab jetzt sollten dann aber immer die Hilfen zur Bergziege gegeben werden, um die Übung einzuleiten, nachdem die Vorderbeine bereits oben stehen. So wird die Lektion geregelter abrufbar. Ich habe es mir zur Gewohnheit gemacht, diese Position nach vorne aufzulösen und nochmals kurz zu verharren, wenn das Pferd mit beiden Vorderbeinen wieder auf dem Boden ist, eine schöne zusätzliche Übung, in dieser ungewohnten Position zu verbleiben. Dann ist auch wieder eine gute Gelegenheit, eine Belohnung zu geben.

Die einzelnen Lernphasen

1 Das Pferd betritt auch mit den Hinterbeinen das Podest.
2 Das Pferd verharrt kurz mit einem Hinterhuf auf dem Podest und lässt sich belohnen.
3 Das Pferd steht mit beiden Hinterbeinen auf dem Podest.
4 Alle vier Hufe sind auf dem Podest.
5 Die Übung kann mit den Hilfen zur Bergziege abgerufen werden, wenn die Vorderbeine auf dem Podest stehen.
6 Beim Absteigen verharrt das Pferd, wenn es nur mit den Vorderbeinen wieder auf dem Boden ist.

Mögliche Fehler und ihre Folgen

- Das Pferd kann die Bergziege am Boden noch nicht.
  - ▸ Es hat Schwierigkeiten, die Hufe so eng zusammen zu setzen, dass alle vier auf das Podest passen.
- Das Pferd ist zu unruhig auf dem Podest.
  - ▸ Es bleibt nicht gelassen genug, um bei dem dritten oder vierten Huf abzuwarten.
- Das Pferd hört noch nicht richtig auf den Clicker oder ein Lobwort.
  - ▸ Es lässt sich nicht im günstigen Moment stoppen und belohnen.

Die Verbeugung

Die Verbeugung wird mit gestreckten Vorderbeinen ausgeführt, wobei die Vorhand dem Erdboden näher kommt. Man kann diese Stellung öfter beobachten, wenn sich die Pferde nach einer Ruhepause strecken und recken. Nicht selten habe ich dieses Strecken gesehen, wenn ich morgens den Stall betrete und die Pferde beginnen, munter zu werden. Wir verlangen also von unserem Pferd eine durchaus nicht unnatürliche Übung.

Ganz nebenbei ist dieses Strecken auch wieder Gymnastik für das Pferd. Wie zum Beispiel bei einer Trabverstärkung müssen auch hierbei die Beine weit nach vorne ausgestreckt werden.

Lucky verbeugt sich auf Kommando und auf die Berührung mit dem Gertengriff in der Gurtlage.

Beherrscht das Pferd die Verbeugung gut, wird es den Kopf nicht mehr zwischen die Beine nehmen.

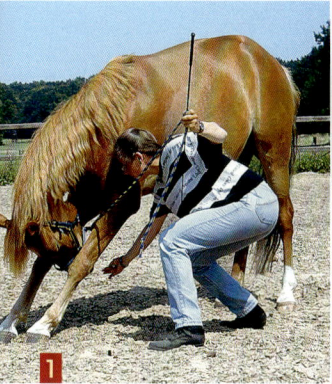 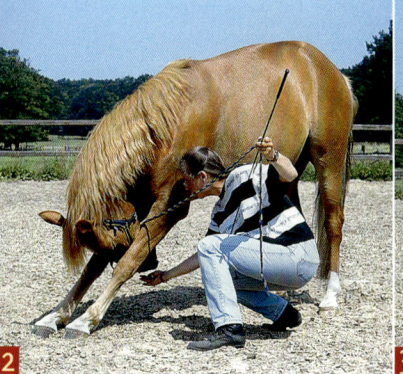 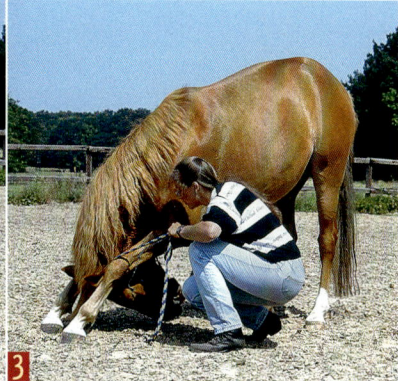

Wie wird's gemacht?

Es ist sinnvoll, das Verbeugen vor dem Kompliment zu üben, da sonst das Pferd gerne gleich ein Vorderbein zurücknehmen will, um sich darauf abzustützen. Das Pferd wird durch geschicktes Manövrieren möglichst gestreckt aufgestellt, d. h., Vorder- und Hinterbeine sollten weit voneinander entfernt sein. Aus dieser Position kann das Pferd sich am besten bei durchgedrückten Vorderbeinen strecken und den Bereich der Gurtlage dem Erdboden näher bringen.

Wir gewöhnen das Pferd daran, ein Leckerli zu nehmen, das ihm kurz über dem Boden gereicht wird. Als Nächstes wird das Leckerli von hinten zwischen den Vorderbeinen durchgereicht. Allmählich kann man so das Pferd immer tiefer hinunterlocken. Dabei hat es das Pferd leichter, wenn seine Vorderbeine nicht so dicht nebeneinander stehen. Nach den ersten Erfolgen beginnt man die Übung mit einem Anklopfen mit der Hand von unten her in der Gurtlage. Das ist der Übergang zu der Hilfe mit der Gerte.

Weiß das Pferd erst einmal, dass auf diese Berührung in der Gurtlage dort irgendwo eine Leckerei zu erwarten ist, wird es bald bereitwillig den Kopf senken, um danach zu suchen. Man kann es dann leicht zu der Streckung nach unten veranlassen. Während der Gewöhnung an die Hilfe mit der Gerte benutze ich gerne deren Griff, mit dem man schön weich, aber bestimmt anklopfen kann. Jetzt wäre es an der Zeit, ein Kommando für die Übung auszuwählen. Dann kann es das Stimmkommando dazulernen. Nach einigen gelungenen Übungstagen geht man dazu über, die Belohnung erst nach Ausführung der Verbeugung zu geben, wenn sie durch den „Klick" oder das Lobwort angekündigt wurde. Das Pferd sollte sich dann allmählich abgewöhnen, das Leckerli lange unter seinem Bauch oder dort auf dem Boden zu suchen. Mit der Zeit und zunehmender Geschicklichkeit und Beweglichkeit des Pferdes wird es sich immer deutlicher und tiefer verbeugen.

1 Hier übt Regine mit Canyon das Verbeugen.

2 Canyon weiß schon, wie er an das Leckerli herankommen kann.

3 Hätten Canyons Vorder- und Hinterbeine vor dem Verbeugen etwas weiter auseinander gestanden, könnte er jetzt die Vorderbeine leichter durchdrücken. Sobald ein Pferd diese Lektion kennt, wird es von selbst die gewünschte Ausgangsposition einnehmen.

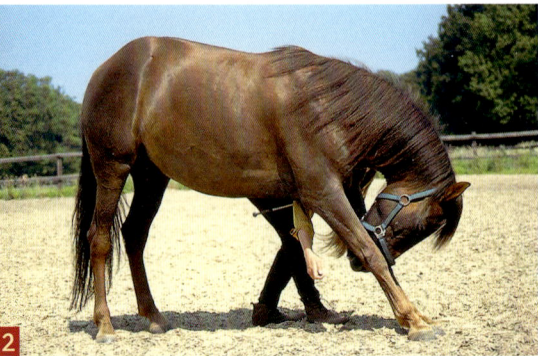

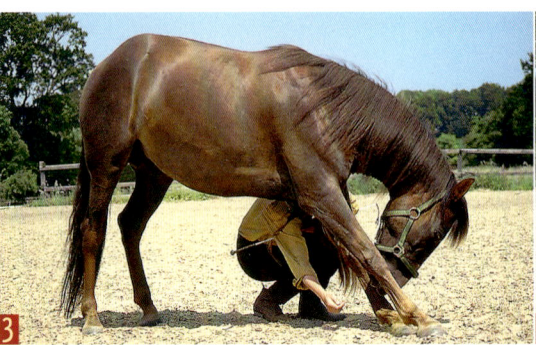

1 Die Hinterbeine stehen weit nach hinten weg. So kann Amber gut zur Verbeugung vorn heruntergehen.

2 Ich beginne Amber an die Hilfe mit der Gerte zu gewöhnen, aber ohne Leckerli klappt es noch nicht ganz.

3 Bei dieser Übung werden auch Ansprüche an die Gelenkigkeit des Pferdes gestellt. Man sollte nicht gleich zuviel erwarten.

4 Amber verbeugt sich zufriedenstellend und bekommt die Belohnung.

Die einzelnen Lernphasen

1 Das Pferd wird an die Gabe eines Leckerlis kurz über dem Boden gewöhnt.
2 Das Pferd wird mit dem Leckerli von hinten durch seine Vorderbeine gelockt.
3 Die Übung wird mit dem Anklopfen in der Gurtlage eingeleitet, erst mit der Hand, dann mit dem Gertengriff.
4 Die Belohnung wird erst nach der Verbeugung gegeben.

Mögliche Fehler und ihre Folgen

- Das Pferd stellt seine Vorderbeine zu dicht zusammen, sodass es nicht den Kopf hindurchstecken kann, um das Leckerli zu nehmen.
  ▸ Das Pferd gibt auf, ohne an das Leckerli zu gelangen. Es versteht nicht, was von ihm verlangt wird.
- Vorder- und Hinterbeine stehen zu dicht zusammen.
  ▸ Der Rücken des Pferdes würde sich aufkrümmen, wenn es sich bückt. Die Vorderbeine könnten sich nicht durchstrecken, wie es bei dieser Lektion verlangt wird.
- Der Ausbilder geht nicht dazu über, das Leckerli statt unter dem Bauch erst nach der Übung zu geben.
  ▸ Das Pferd sucht verzweifelt nach seiner wohlverdienten Belohnung und lernt nicht, den Kopf ruhig zu halten.

Das Kompliment

Bei dieser Lektion stützt sich das Pferd auf einem Karpalgelenk ab, das andere Vorderbein bleibt dabei nach vorne ausgestreckt. Diese Position lässt sich manchmal bei spielerischen Rangkämpfen oder, wenn das Pferd unter einem Zaun durchfrisst, beobachten. Sie ist also durchaus nicht unnatürlich.

Man kann das Pferd durch Kraft und eine gewisse Technik dazu bewegen, sich hinzuknien. Ich möchte auf diese Methoden hier nicht näher eingehen. Das verlangt von dem Pferd die eindeutige Unterwerfung. Es ist aber auch möglich, durch Belohnung und geschickte Hilfestellung dem Pferd die gewünschte Position beizubringen. Gelingt es dann, diese Übung auch in fremder Umgebung abzurufen, ist das sicher auch guter Gehorsam des Pferdes, der aber nicht auf Unterwerfung, sondern auf Vertrauen basiert.

Wie wird's gemacht?

Man beginnt damit, das Pferd an das Reichen eines Leckerlis zwischen den Vorderbeinen zu gewöhnen. Gleichzeitig führt man auch für diese Übung ein bestimmtes Kommando ein. Findet es das Leckerli auch, wenn es von hinten durch die Vorderbeine gegeben wird, ist es Zeit für den nächsten Schritt. Hat

Lucky im Kompliment. Auf die Berührung mit der Gerte von hinten am Vorderbein und die Aufforderung mit der Stimme lässt er sich auf das Bein herunter.

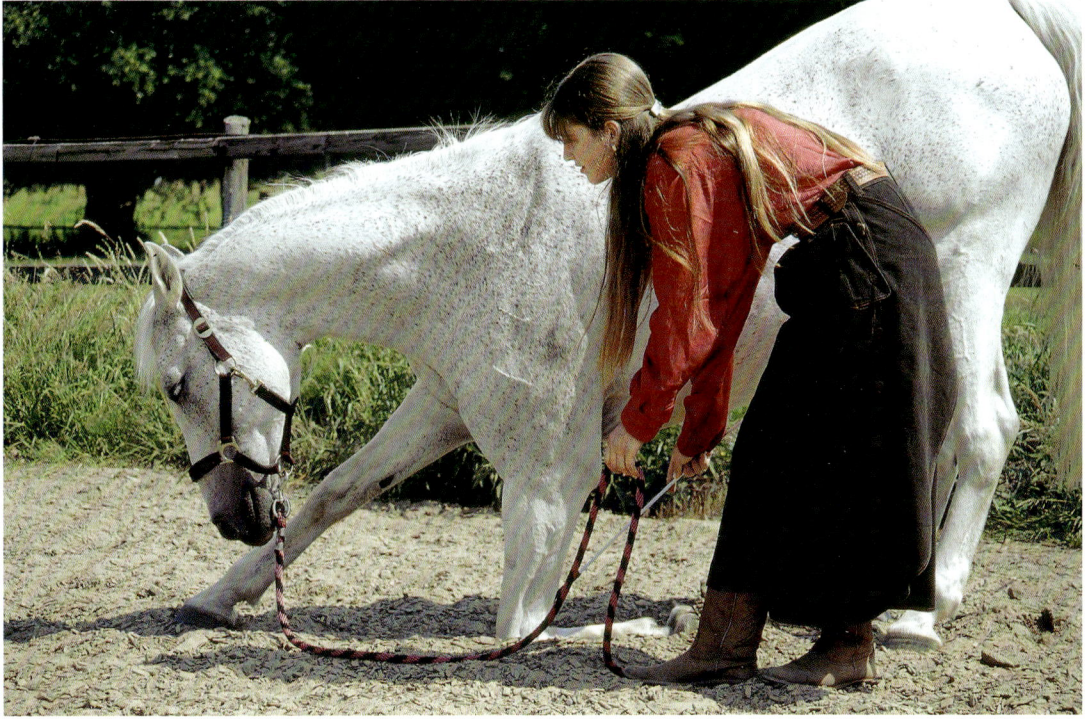

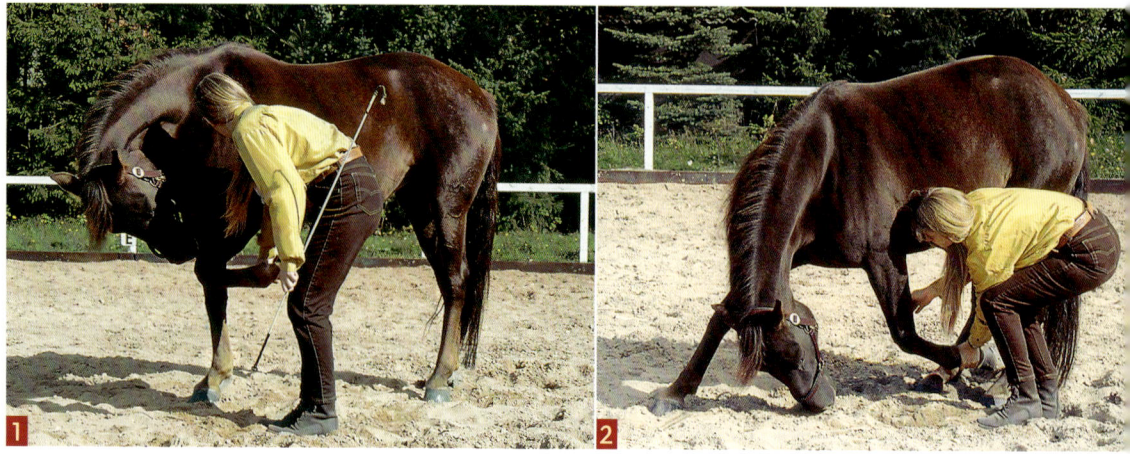

Bonustipp Kompliment

Der aufgehobene Huf sollte so geführt werden, dass er zwischen die beiden Hinterhufe zeigt und nicht gegen den gleichseitigen Hinterhuf stößt. Das Bein sollte im rechten Winkel gebeugt werden, damit es nicht erst zur Stütze wird, wenn der Pferdekörper sehr dicht über dem Boden ist. Meist wird es aber vorher schon aufspringen. Zieht man das Bein zu weit zurück, gleitet es weiter Richtung Hinterbeine und wird auch so nicht zur gewünschten Stütze.

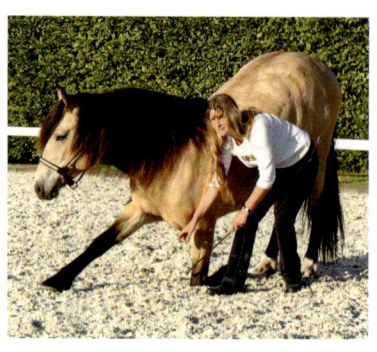

das Pferd bereits die Verbeugung erlernt, kann gleich mit folgendem Schritt begonnen werden.

Dazu stellt man sich auf die linke Seite des Pferdes, schaut zum Pferdekopf, nimmt mit der linken Hand das Vorderbein hoch und gibt mit der rechten Hand die Belohnung zwischen den Vorderbeinen schon für ein leichtes Bücken des Pferdes. Dies ist eine der Übungen, die ich immer nur von der einen Pferdeseite aus übe. Für einige Lektionen kann man die Seite, auf der man am Pferd steht, als zusätzliche Information für das Pferd benutzen. Besonders bei ähnlichen Lektionen ist dieses Unterscheidungsmerkmal nützlich.

Man sollte zu Beginn der Übung das Pferd so aufstellen, dass es mit Vorder- und Hinterbeinen möglichst weit auseinander steht, also besonders das rechte Vorderbein muss einen großen Abstand zu den Hinterbeinen haben. Dadurch wird der Weg zum Boden kürzer, und das Pferd wird sich eher auf seinem Karpalgelenk des linken Beines abstützen.

Um die günstige Ausgangsstellung problemlos und ohne viel unruhiges Hin- und Hertreten zu erreichen, ist es hilfreich, das Bewegen der einzelnen Beine geübt zu haben. Es wurde im Zusammenhang mit dem Rückwärtsgehen besprochen.

Das Pferd wird nun von Mal zu Mal weiter hinunter gelockt, bis das Vorderfußwurzelgelenk und das Röhrbein des geknickten Beines dem Boden nahe kommen und ihn schließlich berühren. Man sollte das aufgehobene Bein des Pferdes dabei so führen, dass es oberhalb des Vorderfußwurzelgelenkes möglichst senkrecht verläuft.

Hat das Pferd sich zum ersten Mal auf das eine Vorderbein niedergelassen, ist die Übung für diesen Tag zu beenden. Erst wenn das zuverlässig klappt, ist die Zeit für die nächste Stufe gekommen. Das Pferd wird wie gewohnt zum Kompliment auf-

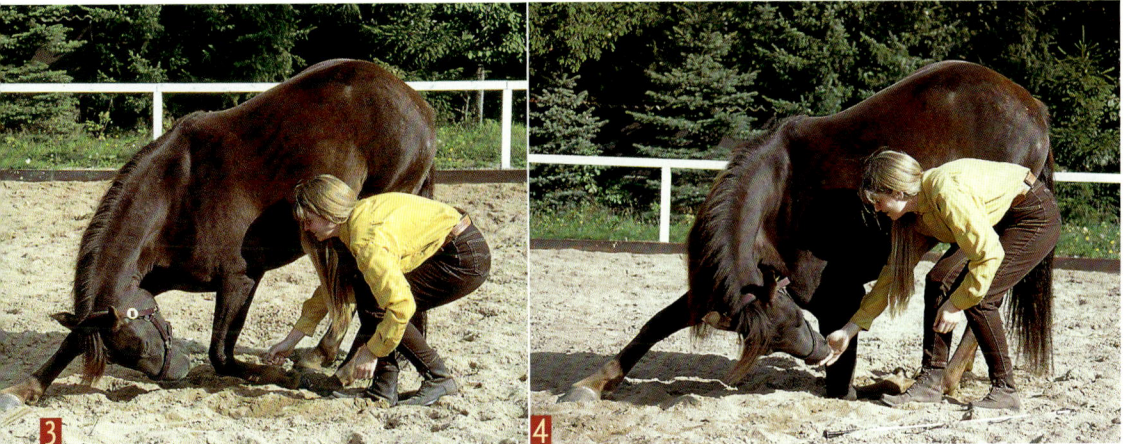

gefordert, bekommt die Belohnung aber erst, wenn es wieder steht. Steht es vorher unaufgefordert auf, muss es erneut niederknien und wird dann betont zum Aufstehen aufgefordert.

Man sollte die Dauer des Kompliments nur ganz allmählich steigern, sodass das Pferd sich möglichst selten von alleine aufrichtet. Es ist natürlich sehr wichtig, ein bestimmtes Kommando zu verwenden. Für das Aufstehen vom Kompliment benutzt man das Kommando, das für jede Auflösung einer Übung gilt.

1 Amber zeigt Lernschritte des Kompliments. Ich bin bereits dazu übergegangen, das Bein zuerst mit der Gerte anzuticken, und habe es nach dem Anheben mit der rechten Hand ergriffen.

2 Ich hebe das Bein leicht an, damit sich Amber auf dem Karpalgelenk und nicht auf dem Huf abstützt.

3 Amber stützt sich auf dem eingeknickten Bein ab. Ich lasse das Bein los.

4 Damit Amber den Kopf nicht mehr so weit zwischen die Beine steckt, gebe ich die Belohnung von der Seite her. Der stützende Abschnitt des geknickten Beins verläuft senkrecht. So ist es für das Pferd am angenehmsten.

Ist das Kompliment an der Hand sicher per Touchierhilfe abrufbar, kann man es auch unter dem Sattel zeigen.

Bonustipp Kompliment

Meist muss man das Bein mehr nach vorne und nach oben drücken als man denkt. Das Pferd wird nur so tief gehen wie es noch eine stützende Hand spürt. Das heißt, wenn man keinen Druck mehr von Seiten des Pferdes spürt, wird es sich auch nicht tiefer herunterlassen.

Als Nächstes muss das Pferd daran gewöhnt werden, ohne die helfende Hand am Bein auszukommen. Um das zu erreichen, wird das Röhrbein mit dem Griff der Gerte angetickt. Hebt das Pferd sein Bein, wird es wie gewohnt gegriffen und geführt. Man kann so dazu übergehen, immer weniger mit der Hand einzugreifen.

Vollendet ist das Kompliment, wenn sich das Pferd allein auf die verbale Aufforderung hinkniet und auch erst wieder aufsteht, wenn es dazu aufgefordert wird. Dann ist auch der Zeitpunkt gekommen, das Kompliment unter dem Sattel zu verlangen.

Die einzelnen Lernphasen
1 Das Pferd sucht nach dem Leckerli, das ihm von hinten durch die Vorderbeine gereicht wird.
2 Bei aufgehobenem Bein das Leckerli von unten reichen, sodass sich das Pferd danach bücken muss.
3 Mit 2. fortfahren, bis das Pferd mit dem Röhrbein den Boden berührt.
4 Die Belohnung erst nach dem Kompliment reichen.
5 Das Pferd darf erst aufstehen, wenn es ihm erlaubt wird.
6 Die Übung wird mit der Gerte begonnen.
7 Man braucht das Bein nicht mehr anzufassen.
8 Die Stimme genügt, um das Pferd knien und aufstehen zu lassen.

Canyon beim Kompliment. Die Berührung mit dem Gertengriff genügt als Hilfe.

Mögliche Fehler und ihre Folgen
- Das Pferd wird nicht richtig aufgestellt.
  - ▸ Es müsste sich selbst die günstigste Position suchen. Die Übung wird erschwert, da das Pferd das zu streckende Vorderbein erst noch nach vorne setzen muss.
- Das aufgehobene Bein wird nicht richtig geleitet.
  - ▸ Es bietet dem Pferd nicht genügend Halt, um sich darauf abzustützen.
- Der Mensch steht so als wollte er die Hufe säubern, schaut also nicht in die gleiche Richtung wie das Pferd.
  - ▸ Das Pferd wird Hufe geben und Kompliment verwechseln

Ophir und das Kompliment
Ellen erzählt:

Nachdem Ophir das Kompliment so weit gelernt hatte, dass er sich auf Rückführen des linken Vorderbeines hinkniete, ging es einfach nicht weiter: Er wollte sich auf das Anticken des Beines nicht hinknien. Ich war am Ende meines Lateins und konnte es mir nicht erklären, wieso wir keine Fortschritte machten. Daraufhin ließ ich eines Tages nicht locker – da Ophir ja im Prinzip wusste, was ich von ihm wollte – und tickte immer wieder seine Vorderbeine an. Plötzlich kniete er sich zum Kompliment hin, nahm dafür jedoch das rechte Vorderbein. Seitdem lasse ich Ophir das Kompliment so machen, wie es ihm offensichtlich leichterfällt. Es scheint also auch bei Pferden „Rechts- und Linkshänder" zu geben.

Ophir bei seiner Art des Kompliments, die ihm leichterfällt als andersherum.

Das Knien

Als „Knien" bezeichne ich das gleichzeitige Abstützen des Pferdes auf beiden Karpalgelenken. Es wird aus dem Kompliment entwickelt und dient hauptsächlich als Vorübung für das Hinlegen. Diese Lektion kostet das Pferd schon mehr Überwindung als das Kompliment, da es aus dieser Position schlechter aufspringen kann. Man wird es seltener beobachten können, dass sich das Pferd von sich aus hinkniet.

Wie wird's gemacht?

Voraussetzung ist, dass das Kompliment auf Berührung mit der Gerte und ein entsprechendes Kommando ausgeführt wird und das Pferd erst wieder aufsteht, wenn es dazu aufgefordert wird. Dann ist der Weg nicht mehr weit.

Während sich das Pferd auf ein Vorderfußwurzelgelenk niederlässt, muss das andere Vorderbein mit der Gerte berührt werden. Das Pferd wird bald begreifen, was von ihm verlangt wird, nämlich das andere Vorderbein auch einzuknicken. Hat das Pferd Schwierigkeiten, sein Bein nach hinten zu ziehen und dann anzuwinkeln, hilft man mit der Hand etwas nach.

Weiß das Pferd dann, dass es beide Vorderbeine einknicken soll, wird es das fast gleichzeitig tun, da es so wesentlich einfacher geht. In dieser Position lenkt man das Pferd eine Weile mit etwas Futter vom Aufstehen ab, bis man ihm das Kommando dazu gibt. Um es dem Pferd etwas behaglicher zu machen, geht man selbst auch in die Hocke.

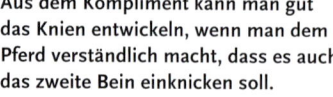

Aus dem Kompliment kann man gut das Knien entwickeln, wenn man dem Pferd verständlich macht, dass es auch das zweite Bein einknicken soll.

Das Knien sollte nur auf ganz weichem Boden verlangt werden.

Die einzelnen Lernphasen

1 Als Voraussetzung beherrscht das Pferd das Kompliment sicher.
2 Das Pferd begreift, dass es auf Berührung mit der Gerte auch das zweite Vorderbein einknicken soll. Möglicherweise führt man dabei das Bein mit der Hand.
3 Das Pferd geht gleichzeitig auf beide Vorderfußwurzelgelenke hinunter.
4 Das Pferd hält diese Position bis zum Kommando für das Aufstehen.

Mögliche Fehler und ihre Folgen

- Der Boden ist zu hart.
  ▸ Dem Pferd ist es zu unangenehm, sich auf seinen Gelenken abzustützen. Spätestens nach dem ersten Versuch wird es unwillig.
- Das Pferd ist in seiner Ausbildung noch nicht soweit. Es kann auch das Kompliment noch nicht richtig.
  ▸ Dem Pferd ist es besonders in Gegenwart des Menschen noch unheimlich, dem Boden so nahe zu kommen und sich damit in eine abhängige Position zu begeben.

1 Damit Amber sich hinlegt, gebe ich ihr ein Kommando und berühre abwechselnd ihre Vorderbeine...

2 ...und ihre Hinterbeine. Dabei gehe ich leicht in die Knie und stehe nicht so dicht am Pferd, um Platz zum Hinlegen zu lassen.

3 Für das Hinlegen bekommt Amber sofort eine Belohnung.

Das Hinlegen

Für das Pferd bedeutet das Liegen eine gewisse Gefahr, da es aus dieser Position nicht schnell fliehen kann. Besonders in fremder Umgebung oder in unruhigen Situationen ist es ihm sehr unangenehm.

Legt sich ein Pferd trotzdem auf Kommando hin, beweist das ein gutes Vertrauensverhältnis zwischen ihm und dem Ausbilder. Nicht jedes Pferd ist für diese Übung geeignet.

Handelt es sich um ein nervöses, schreckhaftes Pferd, braucht man diese Lektion gar nicht erst zu beginnen. Immer wieder wird man auf Pferde treffen, die sich auf diese sanfte Methode (eine andere wird hier nicht beschrieben) nicht hinlegen werden.

Ich bin der Meinung, das Ablegen eines Pferdes muss auch nicht unbedingt in sein Ausbildungsprogramm gehören, wenn es sich dazu nicht anbietet. Schließlich ist ein Pferd kein Hund, bei dem das Liegen und dort Warten zum praktischen Gehorsam gehört.

Wie wird's gemacht?

Eine gute Voraussetzung ist, dass das Pferd liegen bleibt, wenn wir uns ihm auf der Weide oder im Auslauf nähern. Auch sollte es sich trauen, sich am Strick auf verlockendem Boden zu wälzen.

Als Vorübungen muss das Pferd das „Beine heben", das „Knien" und das „Beine zusammen" erlernt haben.

Nun kommt es noch darauf an, eine Situation zu schaffen, in der sich das Pferd sowieso gerne hinlegen würde, also wenn es beispielsweise nach dem Reiten verschwitzt ist, gewaschen wurde oder einfach der Boden besonders locker und weich ist. Natürlich muss auch besondere Ruhe herrschen, sowohl in der Umgebung als auch beim Ausbilder. Ein Pferd, das nervös in der Gegend umherschaut, wird sich kaum im nächsten Augenblick hinlegen, wenn es noch nicht einmal weiß, dass es das tun soll. Es sollte sich von selbst verstehen, dass man diese Übung nicht auf dem Hufschlag ausführt, um einen Abstand zum Zaun einzuhalten und so ein Festliegen zu vermeiden. Außerdem ist der Boden zur Mitte der Bahn meist weicher und verlockt mehr zum Hinlegen.

Man beginnt mit dem Zusammenstellen der Vorder- und Hinterbeine des Pferdes. Aus dieser Position heraus lässt man das Pferd sich auf beide Karpalgelenke niederknien. Nun müssen noch die Hinterbeine durch Anklopfen mit der Gerte zum Treten angeregt werden. Wir stellen so in etwa den Vorgang des natürlichen Hinlegens nach. Wenn wir Glück haben, weiß das Pferd, was gemeint ist, und legt sich nach einigen oder mehreren Versuchen einmal hin. Dann gilt es, die Ruhe zu bewahren, das Pferd reichlich mit Leckerlis zu verwöhnen und es freundlich wieder zum Aufstehen aufzufordern, falls es nicht schon aufgesprungen ist. Will sich das Pferd wälzen, unterbindet man dies, indem man es am Strick nach vorne zieht. Die meisten Pferde stehen dann auf. Auf keinen Fall sollte man zu schroff reagieren, damit das Pferd nicht das Vertrauen bei dieser Übung verliert. Steht das Pferd auf, darf man nicht zu dicht davor stehen, weil man dann leicht von einem Vorderhuf getroffen werden könnte.

Die Phasen des Hinlegens gehen mit der Zeit ineinander über und müssen dann nicht mehr einzeln aufgerufen werden. Es genügt, ein Kommando zum Hinlegen zu benutzen. Die Dauer des Liegens kann mit Belohnungen und dem Gewöhnen an das Kommando zum Aufstehen allmählich verlängert werden.

Wenn das Pferd sehr ruhig und sicher liegt, kann man ihm auch das Liegen auf der Seite beibringen. Man lässt den Führstrick von rechts über den Hals hängen, wenn sich das Pferd auf die linke Seite legen soll. Man steht auf der linken Seite neben dem liegenden Pferd, nimmt den Strick auf und veranlasst das Pferd, den Hals weit nach rechts zu biegen. Lässt sich das Pferd auf die Seite rollen, wird es wieder belohnt.

1 Lucky bei den einzelnen Phasen des Hinlegens. Die Pferde sollten sich immer so legen, dass ihr Rücken zum Ausbilder zeigt. So kann man das Liegen besser kontrollieren, und es geht keine Gefahr von den Beinen aus.

2 Der Strick hängt bei Lucky über dem Hals, damit ich ihn gleich auf die Seite rollen kann.

3 Lucky kippt auf die Seite und schaut schon nach dem zu erwartenden Leckerli.

4 Während des Liegens bekommt Lucky immer eine Belohnung zugesteckt.

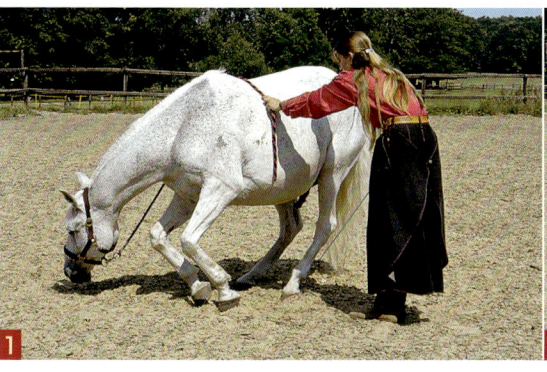

Bis diese Lektion sicher klappt, können Wochen und Monate vergehen, aber nicht verzweifeln: Vielleicht macht auch dieses Pferd eines Tages mit und tut uns den Gefallen. Wenn nicht, kann es womöglich etwas anderes besonders gut.

Mir hat es einmal sehr geholfen, dass Lucky das Liegen auch mit einem Reiter vertraut ist. Bei einem Ausritt rutschten wir in einer unvermutet glatten Kurve aus und fielen auf die Seite. Er blieb mit unter den Bauch gezogenen Beinen liegen, bis ich ihn zum Aufstehen aufforderte.

So wurde bei dem Sturz Schlimmeres verhindert. Ich war sicher vor strampelnden Pferdebeinen. Auch die heruntergefallenen Zügel konnte ich erst ordnen. Zu meiner Überraschung dachte Lucky sogar noch an das Sitzen, bevor er ganz aufstand. Ihm scheint also in Fleisch und Blut übergegangen zu sein, dass das Liegen auch in ungewohnten Situationen keine gefährliche Sache sein muss.

Die einzelnen Lernphasen

1 Das Pferd kniet sich hin, wenn Vorder- und Hinterbeine dicht zusammen stehen.
2 Die Hinterbeine werden mit der Gerte berührt, das Pferd fühlt sich zum Hinlegen veranlasst.
3 Das Pferd wird im Liegen belohnt, steht aber noch schnell wieder auf.
4 Das Pferd bleibt länger liegen und wartet auf eine Aufforderung zum Aufstehen.
5 Das Pferd legt sich auch auf die Seite.
6 Bevor das Pferd ganz aufsteht, bleibt es sitzen.

Mögliche Fehler und ihre Folgen

- Es wird der falsche Moment zum Üben gewählt, das Pferd ist aufgeregt, hält nach einem Kameraden Ausschau oder kennt die Umgebung noch nicht.
  ▸ Das Pferd legt sich nicht hin. Es würde das auch freiwillig in diesem Augenblick niemals tun.
- Die nötigen Vorübungen werden noch nicht sicher beherrscht.
  ▸ Man kann nicht den günstigsten Ausgangspunkt zum Hinlegen schaffen. Das Pferd versteht nicht, was gemeint ist.
- Der Ausbilder ist zu hektisch. Er vermittelt nicht das Gefühl von Ruhe und Sicherheit.
  ▸ Das Pferd traut sich nicht, sich hinzulegen.
- Der Boden ist zu hart oder zu nass.
  ▸ Es ist dem Pferd unangenehm, sich hinzulegen.

Nachfolgend möchte ich noch einmal Ellen, die Besitzerin von Ophir, und Regine, die Besitzerin von Canyon, zu Wort kommen lassen. Sie erzählen, wie ihre Pferde in Anlehnung an meine Methode das Hinlegen lernten. Und auch das Hinlegen von Smartie wird beschrieben. Außerdem wird an dem Beispiel von Lukka noch eine weitere Variante aufgezeigt, die zum Liegen auf Kommando führt. Bei allen Pferden war es ein bisschen anders als zuvor beschrieben. Das zeigt, dass es nicht nur einen Weg zum Erlernen einer Lektion gibt. Wichtig ist, dass man eine Möglichkeit findet, sich mit seinem Pferd zu verständigen.

Wie Ophir das Hinlegen lernte

Das Hinlegen auf Kommando lernte Ophir übers „Knien" auf beiden Vorderbeinen und Anticken der Hinterbeine mit der Gerte. Das „Beine zusammen" kannte er zu diesem Zeitpunkt noch nicht. Geübt haben wir auf sandigem Boden und wenn möglich nach dem Reiten. Jetzt legt sich Ophir hin, wenn ich rechts von ihm stehe, auf Anticken der Hinterbeine. Er dreht sich jedoch erst mit der Nase auf dem Boden um sich selbst, um eine günstige Liegestelle zu finden und sich dann im natürlichen Bewegungsablauf hinzulegen. Zum „Auf die Seite legen" verlocke ich ihn mit einem Leckerchen, das ich vor seine Nase halte und parallel zum Boden in Richtung seines Rückens langsam wegziehe. Noch versucht er, sobald das Leckerchen aufgegessen ist, ganz aufzustehen, aber die anschließende Liegephase wird schon länger...

1 Ellen steht immer auf der rechten Seite von Ophir, wenn er sich hinlegen soll. So weiß er gleich, worum es geht.

2 Für das Hinlegen bekommt er die verdiente Belohnung.

3 Auf diese Weise hat Ellen Ophir das Liegen auf der Seite beigebracht. Sie lockt ihn mit einem Leckerli, bis er zur Seite kippt.

4 Einen Augenblick bleibt Ophir schon ganz ruhig auf der Seite liegen. Sicher wird dieser Augenblick bald länger werden.

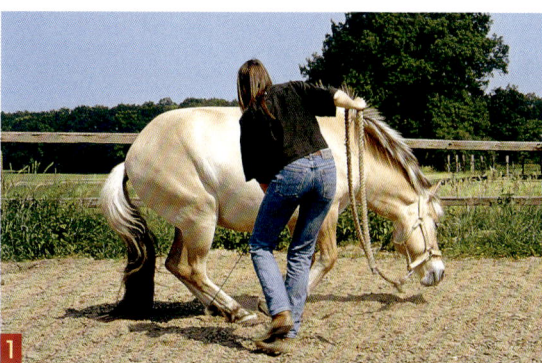

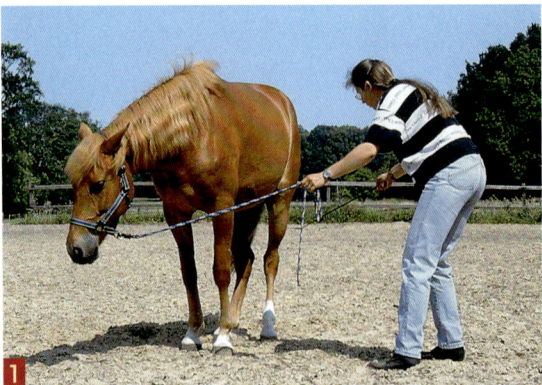

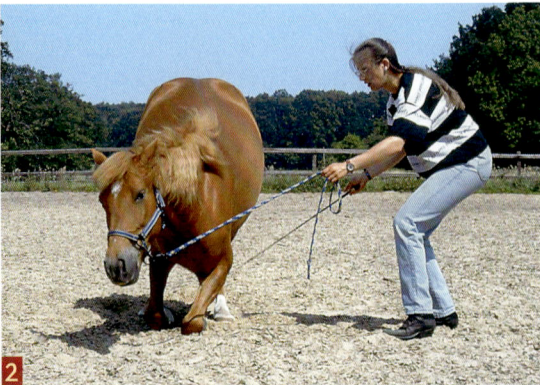

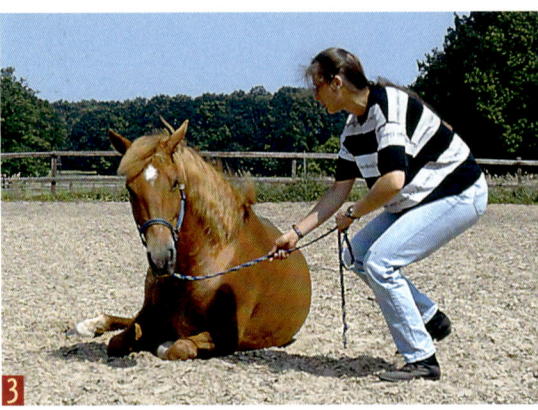

1 Regine lässt Canyon seine Hinterbeine nahe an die Vorderbeine stellen.

2 Sie berührt Canyons Vorderbeine mit der Gerte, damit er sich hinlegt.

3 Einstweilen muss sie sich noch etwas vorsichtig bewegen, damit Canyon nicht vorzeitig aufspringt.

4 Canyon wird für das ruhige Liegen gelobt. In dieser Position muss man aufpassen, dass man nicht von einem Vorderbein getroffen wird, wenn das Pferd aufstehen will.

Wie Canyon das Hinlegen lernte

Als Canyon sich zum ersten Mal während der Bodenarbeit hinlegte, war es für uns beide eine Überraschung. Canyon war damals sechs Jahre alt. Ich konnte zu ihm gehen, wenn er auf der Weide oder im Auslauf lag, und er wälzte sich nach dem Reiten auch am Strick. Er vertraute mir also, auch wenn er am Boden lag. Als Vorübung zum Hinlegen beherrschte Canyon zu diesem Zeitpunkt nur das „Beine zusammen".

An einem trockenen Tag arbeitete ich mit ihm an der Hand auf dem Reitplatz. Ich hatte mir überlegt, dass ich nun, nachdem er schon einiges gelernt hatte, endlich mal versuchen wollte, ihm das Hinlegen auf Kommando beizubringen. Allerdings noch nicht an diesem Tag, nein – nächstes Mal wollte ich es versuchen, bestimmt.

So waren wir bei der Übung „Beine zusammen" angelangt, und Canyon setzte brav die Hinterfüße abwechselnd durch Anticken mit der Gerte näher an die Vorderfüße. Da Canyon diese Übung schon länger kannte, forderte ich ihn beim Wiederholen der Übung auf, die Beine noch ein bisschen weiter zusammenzustellen. Er ist sehr kurz gebaut und zu den unglaublichsten Verrenkungen fähig, also erwartete ich auch hierbei entsprechende Beweglichkeit.

Ob er nun irgendwann keine Lust mehr hatte, die Beine noch enger zusammenzustellen, oder ob ihn seine Körperhaltung an etwas erinnerte, ich weiß es nicht genau, auf jeden Fall ließ er sich plötzlich wie selbstverständlich nieder. Wir guckten beide sehr verdutzt, doch ich hatte mich schneller wieder gefangen als er, kniete mich neben ihn und begann sofort, ihn in den höchsten Tönen zu loben und den gesamten Belohnungsvorrat aus meiner Hosentasche an ihn zu verfüttern. Während er noch kaute, lief ich zum Zaun, wo ich noch mehr Leckerchen deponiert hatte. Als ich zurückkam, kaute er immer noch und nahm auch gerne noch mehr, bis ich ihn zum Aufstehen aufforderte. Ich war sehr froh über Canyons „Missgeschick", denn die Schwierigkeit beim Hinlegen hatte ich immer darin gesehen, dass das Pferd womöglich partout nicht verstehen könnte, was ich von ihm erwarte. Auch der Zeitpunkt dieses „Missgeschicks" hätte besser nicht sein können, weil ich mir ja gerade vorgenommen hatte, bei der nächsten Übungsgelegenheit damit zu beginnen.

Ich habe dann für eine Weile auf die Übung „Beine zusammen" verzichtet, um keine Verwirrung zu stiften. Wenige Tage später, als ich das Hinlegen zum ersten Mal bewusst forderte, klappte es auch nach kurzem Zögern. Bei einem der nächsten Versuche legte sich Canyon trotz mehrfacher Aufforderung nicht. Der Reitplatz war an diesem Tag äußerst nass, und ich hoffte, dass nur das der Grund für seine Weigerung sei. Genauso war es dann auch.

Mittlerweile kann Canyon zwischen „Beine zusammen" und „Hinlegen" unterscheiden. Auf Fotos und Videos habe ich gesehen, dass ich unbewusst leicht in die Knie gehe, wenn ich Canyon zum Hinlegen auffordere. Wenn er jetzt einmal zögert, verstärke ich meine Körpersprache ganz bewusst.

Wie Smartie das Hinlegen lernte

Smartie hat es uns sehr leicht gemacht. Als er einmal das Kompliment zeigen sollte, ließ er sich einfach auf die Seite plumpsen. Das brachte ihm viel Lob und leckere Belohnungen ein. Er merkte sich die Situation so gut, dass sie fortan wieder abrufbar war. Noch heute sieht man dem Bewegungsablauf beim Hinlegen an, wie es entstanden ist.

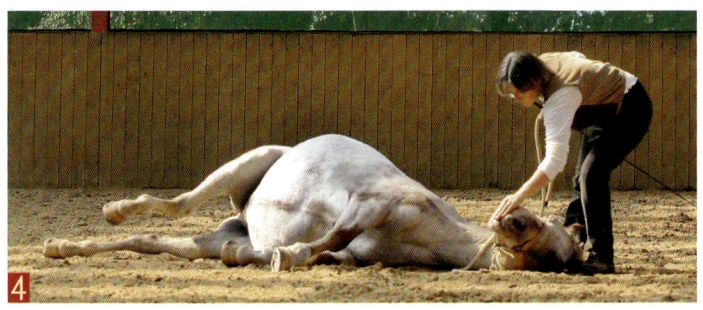

1 Smartie erkennt aus den Zeichen „Strick über den Hals" und „Touchieren an der Hinterhand", dass er sich hinlegen soll.

2 Smartie hat das Hinlegen aus dem Kompliment gelernt, wie sich in dieser Bilderfolge erkennen lässt.

3 Anders als beim natürlichen Hinlegen, winkelt Smartie nur ein Bein an.

4 Smartie legt sich vertrauensvoll auf die Seite und Susanne belohnt ihn.

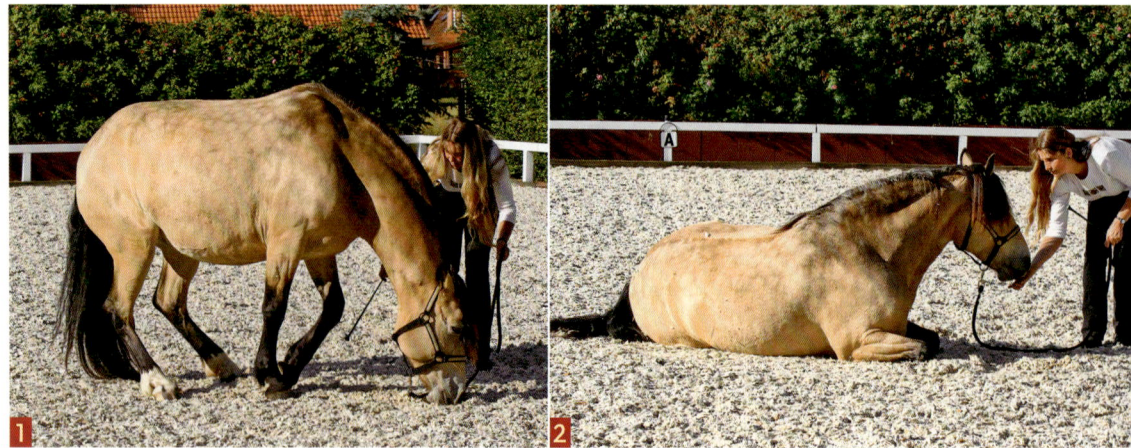

1 Lukka hat das Hinlegen über das Wälzen gelernt, doch jetzt reagiert sie auf
mein Zeichen.

2 Noch kann ich nicht bestimmen, auf
welche Seite Lukka sich legt

Gemeinsames Liegen mit mehreren
Pferden erfordert gutes Timing.

Wie Lukka das Hinlegen lernte

Lukka gab mir lange Zeit Rätsel auf, wie ich ihr jemals das Hinlegen erklären sollte. Sie wälzte sich nie in unserer Halle, auch
wenn es meiner Meinung nach sehr verlockend war. Da ich
inzwischen dazu übergegangen war, das Wälzen als Einstieg
zum Liegen auf Kommando zu nutzen, fehlte mir die Möglichkeit, mit dem Erlernen dieser Lektion zu beginnen. Auch sah
ich sie selten im Auslauf liegen. Wenn das doch einmal der Fall

war, ging ich sofort zu ihr, streichelte sie und gab ihr Leckerlis. So war zumindest gesichert, dass sie keine Angst hatte, neben mir zu liegen. Eines schönen Tages war es dann doch soweit: Lukka wälzte sich in der Halle. Zum Glück ist sie ein Pferd, das sein Lobwort sehr gut kennt. Ich hatte wie immer ein paar Leckerli in der Tasche, benutzte sofort das Lobwort und konnte sie füttern, während sie lag. Und siehe da, nachdem sie aufgestanden war, legte sie sich wieder hin und kassierte ihre Belohnung. Dieses Spiel ging noch acht Mal so. Doch obwohl ich sehr begeistert war, dachte ich mir, dass es besser wäre, aufzuhören, solange sie noch gerne mitmacht. Am nächsten Tag war ich nun sehr gespannt. Würde sich Lukka erinnern können, wofür es am Tag zuvor so oft Belohnungen gab? Sie war kaum in der Halle, da lag sie auch schon und erwartete ihre Belohnung. Auf dieses Hinlegen hatte ich drei Jahre gewartet. Heute legt sich Lukka auf Kommando hin und hat auch schon auf verschiedenen Messen bewiesen, dass sie sich das auch in fremder Umgebung traut.

Dieses Erlernen des Hinlegens über den Weg des Wälzens ist eine sehr freundliche Methode, bei der man dem Pferd keinen Schaden zufügen kann. Es gibt zwei Voraussetzungen. Das Pferd muss sich trauen, sich zu wälzen und es muss wissen, dass es sich genau in dem Moment richtig verhält, in dem es gelobt wird.

Ein seltenes Bild: Drei liegende Pferde auf einem Reitplatz.

Während man einem Pferd das Sitzen beibringt, hat sich diese Position neben dem
Pferd als günstig erwiesen.

Das Sitzen

Das Sitzen ist eine Position, die die meisten Pferde nur sehr
kurz einnehmen. Möchte man es auf Kommando zeigen können, gilt es, diese Phase zu verlängern. Das Pferd aus dem
Stand zum Sitzen aufzufordern, ist eine sehr schwierige
Übung, aber wird auch hin und wieder, besonders mit kleinen
Pferden, gezeigt. Lucky war in seinen sportlichen Zeiten dazu
fähig, sich aus dem Stand heraus auf einen großen Strohballen
zu setzen. Eine Leistung, auf die ich sehr stolz war.

Wie wird's gemacht
Voraussetzung für das Sitzen ist das Liegen auf Kommando.
    Möchte man seinem Pferd das Sitzen beibringen, versucht
man, das Aufstehen zu verzögern, indem man dem Pferd ein
Leckerli zusteckt, bevor es den letzten Schwung holt. Die beste
Position dafür ist auf Höhe der Schulter, jeweils auf der Seite,
auf der das Pferd liegt, also auf der von den Hufen abgewand-

Smartie bleibt sitzen, solange Susanne
neben ihm steht. Dies ist eine Situation,
in der es eine Belohnung geben wird, auf
die Smartie geduldig wartet und dadurch
länger sitzen bleibt.

ten Seite. Von dort kann man das Pferd zwar nach oben locken, verhindert aber, dass es mit dem Kopf Schwung zum Aufstehen holt. Außerdem ist dort die Verletzungsgefahr für den Menschen am geringsten. Jetzt ist es wieder sehr günstig, wenn das Pferd innehält, falls es sein Lobwort oder den Clicker hört. Lobt man, wenn das Pferd die Beine nach vorne geschwungen hat, bleibt genug Zeit, eine Belohnung zu reichen, ohne dass das Pferd aufstehen möchte. Dabei sollte man beim Füttern nicht sparsam sein. Je länger das Pferd kaut, um so ruhiger wartet es bis zum Aufstehen. Mit der Zeit ist es möglich, das Pferd etwas in Richtung Aufstehen zu bewegen, aber eben nicht ganz. Eine günstige Position der lockenden Hand ist in Richtung Pferdebrust. So „krabbelt" das Pferd immer weiter aufwärts, ohne gleich Schwung zum Aufstehen zu holen. Mit der Zeit wird das Pferd immer aufgerichteter Sitzen können. Darf das Pferd dann aufstehen, tritt man einen Schritt zurück, um nicht von einem Huf getroffen zu werden und ein eindeutiges Zeichen zu geben.

1 Immer wieder lobe ich Lucky, weil er so gut mitspielt.

2 Lucky weiß, dass er aufstehen darf, wenn ich nach vorn gehe.

3 Ich habe ihn zum Sitzen aufgefordert, und Lucky richtet sich nur langsam auf. Da er diese Lektion kennt, kann ich dabei auch vor ihm stehen. Zum Üben stellt man sich besser neben das Pferd.

4 Nachdem Lucky eine Weile sitzen geblieben ist, bekommt er seine Belohnung und darf aufstehen.

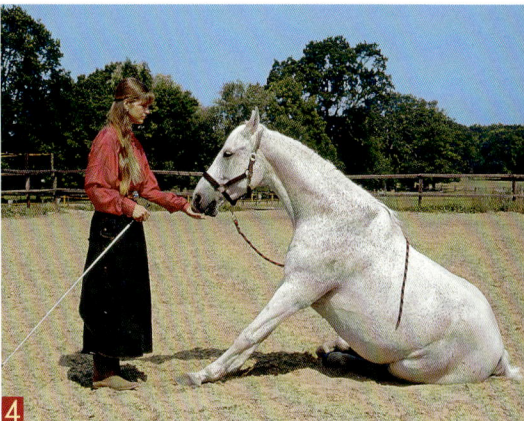

1 Ellen fordert Ophir auf, sich aufzurich-
ten. In der ersten Lernphase wäre jetzt
ein Leckerli fällig.

2 Die Hand, die früher für die Belohnung
zuständig war, ist für Ophir nun das
Zeichen zum Sitzen.

3 Ophir sitzt schön aufrecht und wird
vor dem Aufstehen belohnt.

Die einzelnen Lernphasen

1 Das Pferd wird gelobt, wenn es ein oder beide Beine im Liegen nach vorne genommen hat.

2 Das Pferd verharrt in der Position vorm Aufstehen mit beiden Beinen vorne.

3 Aus der Position neben dem Pferd kann man es immer weiter Richtung Sitzen locken.

4 Das Pferd steht erst auf, wenn der Mensch beiseite geht.

Mögliche Fehler und ihre Folgen

• Das Liegen ist noch nicht sicher.
  ▸ Beide Übungen gelingen nicht richtig, das Pferd wird ver-
     unsichert.
• Das Pferd wird nicht schnell und geschickt gefüttert, bevor
  es aufstehen will.
  ▸ Es wartet nicht auf das Futter und steht auf.
• Die aufwärts lockende Hand bleibt nicht nahe genug am
  Pferd.
  ▸ Das Pferd steht auf bei dem Versuch an die Hand zu gelan-
     gen.
  ▸ Der Mensch steht auf der falschen Seite.
  ▸ Es wird gefährlich, wenn das Pferd aufsteht.

Wem bis zu dieser Stelle des Buches alles gelungen ist, der wird
sicher Lust auf mehr bekommen haben. Es folgen weitere Vorschläge, was man mit seinem Pferd sonst noch „anstellen"
kann, aber dem Einfallsreichtum des Lesers sind natürlich
keine Grenzen gesetzt.

Wer bis hier beim Üben erfolgreich war, der kann auch alleine weitermachen, weil er das Prinzip verstanden hat.

Das Überkreuzen der Vorderbeine

Diese Lektion ist etwas für den, der sein Übungsprogramm ein wenig erweitern möchte. Sie bedarf keiner besonderen Vorübungen und dient dem reinen Vergnügen von Pferd und Mensch. Hat man sich bisher schon intensiv vom Boden aus mit seinem Pferd beschäftigt, wird man allmählich bemerken können, dass das Pferd immer schneller begreift und sich besser konzentrieren kann. Auch diese Übung fördert diese Fähigkeiten. Das Pferd soll bei dieser Übung seine Vorderbeine überkreuzen und in dieser Position verharren. Besonders effektvoll ist die Wirkung auf den Betrachter, wenn das Pferd nur auf die Körpersprache des Ausbilders reagiert.

Wie wird's gemacht?

Begonnen wird, indem man das eine Vorderbein anhebt und überkreuz vor dem anderen wieder abstellt. Dabei steht man am günstigsten direkt vor dem Pferd. Erst wenn das Pferd verstanden hat, dass es seine Beine überkreuz setzen soll, wird ein Kommando eingeführt. Möglichst früh sollte man dazu übergehen, dem Pferd zum Auflösen der Stellung ein Kommando zu geben, wie bei allen anderen Übungen auch.

Bei dieser Variante des Kreuzens der Beine besteht die Hilfe darin, dass Susanne selber die Beine kreuzt und zum Widerrist greift.

Lucky reagiert auf meine Bewegung, die ich deutlich ausgeführt habe, und überkreuzt die Vorderbeine. Das Ohrenspiel ist typisch dafür, wenn er gut aufpasst.

Die Belohnung erfolgt, während die Beine gekreuzt sind, um dem Pferd verständlich zu machen, dass so die gewünschte Stellung aussieht. Eine zweite Belohnung folgt, wenn das Pferd so lange wie gewünscht die Position gehalten hat und sich erst auf Kommando wieder normal hinstellt.

Mit viel Geduld muss man die Beine des Pferdes immer wieder überkreuzen, bis es von selber ein Bein anhebt und schließlich dieses Bein vor dem anderen Vorderbein wieder absetzt. Dann haben wir es geschafft, uns dem Pferd verständlich zu machen.

Wenn das Überkreuzen sicher klappt, genügt eine Belohnung am Ende der Übung. Soll das Pferd sein rechtes Bein vor das linke setzen, ist es hilfreich, seinen Kopf leicht von rechts nach links zu nehmen.

Zu guter Letzt kann man dazu übergehen, das Pferd nur auf die eigenen Körperbewegungen reagieren zu lassen. In der Übergangszeit wird die Stimme als Hilfe mitbenutzt. Da man dem Pferd gegenübersteht, kann es gut bemerken, wenn man den Oberkörper von einer Seite zur anderen bewegt. Soll das Pferd sein rechtes Bein vor das linke setzen, muss man sich von links nach rechts wiegen, und zusätzlich kreuzt man die eigenen Beine spiegelbildlich. Das Pferd wird unserer Bewegung folgen.

Eine zweite Möglichkeit, diese Übung abzufragen, ist aus der Position neben dem Pferd. Der Mensch steht auf der rechten Seite am Pferd und schaut in die gleiche Richtung wie das Pferd. Von dort hilft er dem Pferd wie beschrieben seine Beine zu kreuzen. Beginnt das Pferd die Übung zu verstehen, kann dazu übergegangen werden, mit dem rechten Fuß dem Pferdebein in die richtige Haltung zu helfen. Dabei stützt man sich mit der linken Hand am Widerrist ab. Später wird das zum Signal für das Pferd. Wenn man dann noch seine eigenen Beine kreuzt, sieht es besonders lässig aus.

Eine Lektion mit schöner Zusammenarbeit zwischen Mensch und Tier ist entstanden.

Die einzelnen Lernphasen
1 Man steht vor dem Pferd und setzt mit der Hand ein Vorderbein des Pferdes vor das andere. Das Pferd bleibt so stehen und wird belohnt.
2 Nach dem Kommando hebt das Pferd das Bein, aber man muss noch mit zugreifen, um die Beine zu kreuzen.
3 Das Pferd lernt, die Beine erst zu „entkreuzen", wenn es ihm erlaubt wird. Es bekommt eine zweite Belohnung.
4 Nach Aufforderung mit der Stimme überkreuzt das Pferd seine Beine, solange es soll. Danach wird es belohnt.
5 Die eigenen Bewegungen genügen als Hilfe zum Kreuzen und „Entkreuzen" der Beine für das Pferd.

Mögliche Fehler und ihre Folgen
* Das Pferd steht in einer ungünstigen Position. Das Bein, das
  sich bewegen soll, steht zu weit hinten und wird zu stark
  belastet.
  ▸ Es kann nicht kreuzen, ohne sich vorher umzustellen.

Das Aufheben von Gegenständen

Das Greifen und Halten von Gegenständen mit dem Maul ist
für das Pferd natürlich kein Problem. Die Schwierigkeit besteht
vielmehr darin, dass das Pferd es auf Kommando – und zwar
nur auf Kommando – tut. Man sollte also dieses Kunststückchen auf keinen Fall mit einem jungen oder noch undiszipli-
nierten Pferd üben. Es ist eher etwas für bereits gut erzogene,
reife Pferde, bei denen man nicht die Sorge haben muss, dass
sie ständig in alles hineinbeißen werden. Wer mit dieser
Übung beginnen möchte, sollte also vorher gut überlegen, ob
sie das Richtige für sein Pferd ist. Hat man sich guten Gewis-
sens dafür entschieden, wird man sicherlich einigen Spaß
damit haben.

Wie wird's gemacht?
Zunächst wird uns der Start erleichtert, wenn die Auffassungsgabe des Pferdes bereits durch das Erlernen anderer Lektionen
trainiert wurde.

   Begonnen wird mit einem Tuch, das man an eine Möhre
oder ein Stück Brot knotet. Das Pferd bringt so das Tuch mit
dem Futter in Verbindung.Sobald das Pferd immer sicher nach
dem Tuch greift, lernt es ein Kommando dazu. Wenn sich das
Pferd die Möhre nehmen will, wird es automatisch das Tuch

1 Das Anheben einer Pylone wird in
   vielen kleinen Schritten geübt. Einer
   davon ist das Berühren mit den Lippen.

2 Smartie kann die Pylone jetzt schon
   anheben und wird per Clicker gelobt.

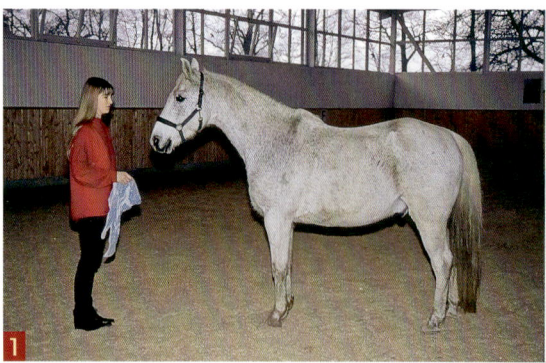

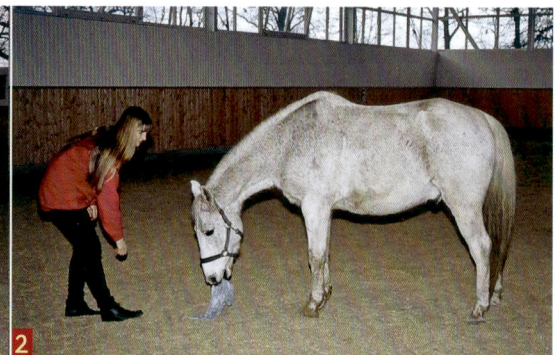

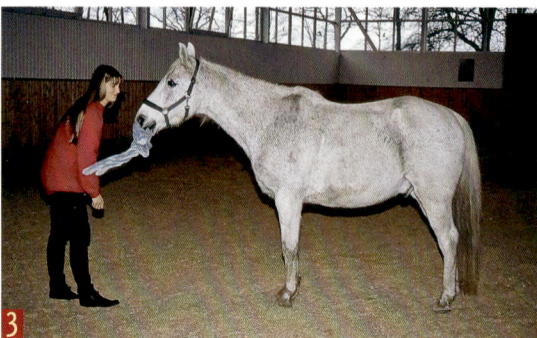

1 Lucky wird der Gegenstand gezeigt, den er gleich aufheben soll.

2 Während ich das Tuch fallen ließ, habe ich das Kommando zum Aufheben gegeben. Lucky greift sofort zu ...

3 ... und hebt das Tuch auf.

4 Auf Wunsch lässt Lucky das Tuch auch wieder los.

mit aufheben. Hat das Pferd begriffen, worum es geht, kann man die Möhre in das Tuch einknoten.

Hebt das Pferd auf der Suche nach der Möhre das Tuch zufällig auf, nimmt man es ihm ab, gibt gleichzeitig ein Kommando zum Loslassen und belohnt es. Man nimmt dazu nicht die eingeknotete Möhre, sondern irgendein anderes Leckerli. Das geht schneller, und das Pferd soll nicht lernen, etwas auszupacken, sondern es aufzuheben.

Ist das Pferd genügend auf das Tuch fixiert, kann das Einknoten von Futter wegfallen. Sobald das Pferd das Kommando zum Aufheben des Tuches versteht, kann auch mit ähnlichen Gegenständen geübt werden.

Seit ich mich intensiver mit dem Lernen durch positive Verstärkung beschäftigt habe, bin ich dazu übergegangen, das Tuch ganz ohne Möhre oder ähnliches anzubieten. Das Pferd wird einfach immer dann gelobt, wenn es sich für das Tuch zunächst interessiert, dann es mit den Lippen greift und es schließlich anhebt. Mit dem Clicker habe ich eine sehr präzise Möglichkeit, den richtigen Moment zu loben. Das Pferd hört dann das Lob noch während es das Tuch hält und muss erst danach sein Futter bekommen. Genauso kann mit einer Pylone geübt werden. Diesen Gegenstand greifen die meisten Pferde sehr gerne. Man kann ihn dem Pferd gut abnehmen, nachdem ihn das Pferd hochgehoben hat. Jetzt ist es wichtig, dass das Pferd das Prinzip der positiven Verstärkung verstanden hat. Nur so kann ich ihm erklären, was ich möchte, denn an der Pylone werden wir kein Futter befestigen.

Allmählich kann dazu übergegangen werden, das Pferd nur zu belohnen, wenn es den Gegenstand so lange festhält wie gewünscht. Tut es das nicht, muss es ihn erst erneut nehmen, bevor es seine Belohnung erhält.

Damit die Aufmerksamkeit des Pferdes auf den aufzuhebenden Gegenstand gelenkt wird, lässt man ihn am besten direkt vor seinen Augen fallen und fordert es dann zum Aufheben auf.

Nimmt das Pferd von sich aus etwas zwischen seine Zähne, darf es dafür nicht belohnt werden, denn das könnte unangenehme Folgen haben.

Die einzelnen Lernphasen

1 Das Pferd nimmt vom Boden zum Beispiel eine Möhre, an der ein Tuch befestigt ist. Dazu wird ein Kommando eingeführt.
2 Das Pferd hebt das Tuch auf, weil sich darin eine Möhre befindet, die es haben möchte, oder es weiß, dass es dafür gelobt wird.
3 Sobald das Pferd das Tuch einen Augenblick festhält, nimmt man es ihm mit einem Kommando zum Loslassen ab und belohnt es.
4 Das eingeknotete Futter wird weggelassen.
5 Das Pferd hält das Tuch fest, bis es zum Loslassen aufgefordert wird.
6 Auch andere Gegenstände werden auf Kommando aufgehoben.

1 Für das Erlernen dieser Übung ist der Clicker sehr hilfreich.

2 Der Klick markiert genau den Moment, in dem das Pferd das Richtige tut. Nach dem Klick bleibt etwas Zeit, bis das Pferd sein Futter bekommt.

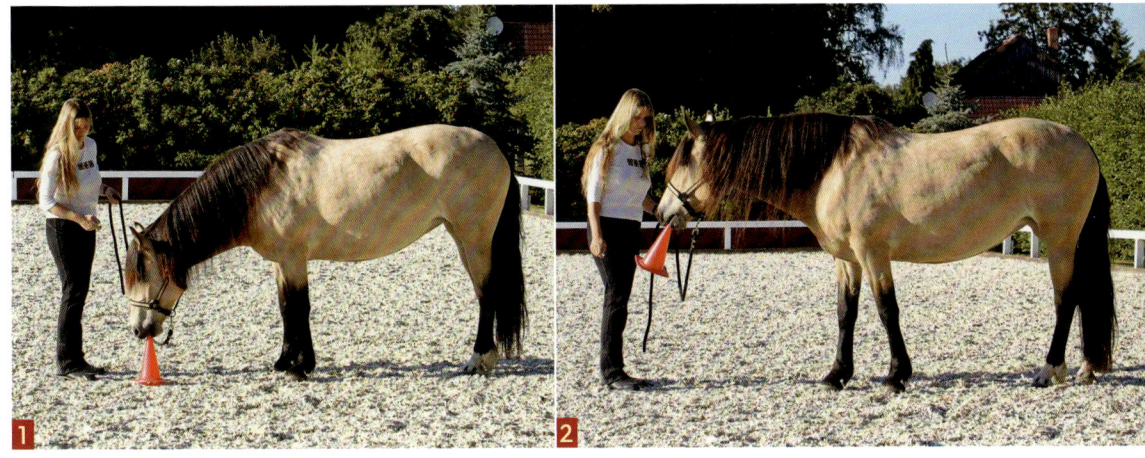

Mögliche Fehler und ihre Folgen

- Der Ausbilder belohnt das Pferd auch, wenn es etwas unaufgefordert in sein Maul nimmt.
  - ▶ Das Pferd beißt in alles mögliche hinein, um eine Belohnung zu bekommen.

Welche Vorteile?

Sie fragen sich vielleicht, welche Vorteile diese Art der Beschäftigung mit dem Pferd mit sich bringt. Nun: Die Verständigung mit dem Pferd wird durch die Vielfalt der Hilfen, die noch zu den gewohnten reiterlichen Hilfen dazukommen, verbessert. Das Pferd wird umgänglicher, je mehr es auf den Menschen achtet. Diese Aufmerksamkeit wird durch viele Übungen trainiert, bei denen die Position des Menschen zum Pferd eine wichtige Rolle spielt, ebenso wie seine Gesten. Für das Pferd ist es ganz natürlich, auf die Körpersprache seines Gegenübers zu achten.

Der Mensch muss sich eine eindeutige Sprache angewöhnen, damit das Pferd diese versteht, so wie es auch die Sprache seiner Artgenossen zu deuten weiß. So sollte die gleiche Bewegung auch immer die gleiche Bedeutung haben, eine bestimmte Anweisung immer mit den gleichen Worten gegeben werden.

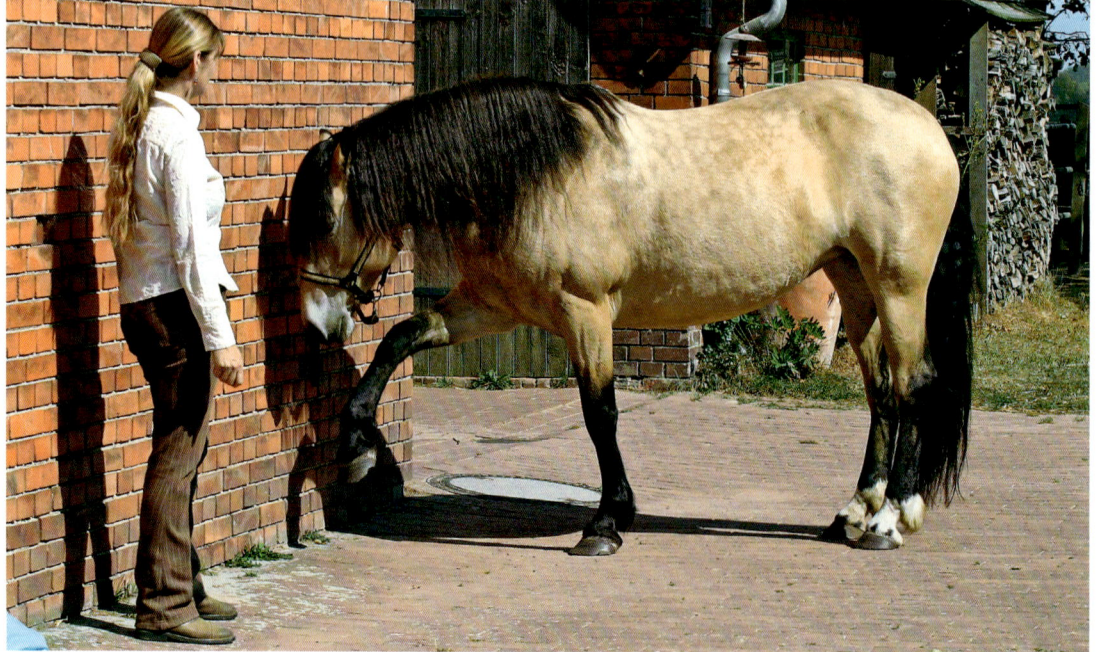

Scharrt das Pferd, sollte es ignoriert werden.

Es ist ein schönes Gefühl, mit seinem Pferd „reden" zu können. Die Stimme ist eine sehr harmonische Möglichkeit, um seinem Pferd zu verdeutlichen, was man von ihm möchte.

Die in diesem Buch beschriebene Art der Beschäftigung mit dem Pferd macht es sozusagen schlauer, seine Auffassungsgabe wird gesteigert, seine Ausdrucksmöglichkeiten werden vermehrt, mit anderen Worten: Sein Horizont wird erweitert.

Wenn mein Pferd Lucky etwas von mir wollte, scharrte er nicht wie andere Pferde, sondern bediente sich seiner „Kunststückchen". Besonders gerne versuchte er, mit dem Überkreuzen der Vorderbeine meine Aufmerksamkeit zu erregen und sich eine Belohnung zu verdienen. Danny erschummelte sich gerne eine zusätzliche Leckerei auf dem Weg zum Auslauf mit dem „Spanischen Schritt". Ich war dann immer hin und her gerissen, ob ich ihn belohnen sollte. Da er schon ein alter gemütlicher Rentner war, ließ ich ihn gewähren, da nicht die Gefahr bestand, dass er mir ungebärdig in die Hacken trat.

Je mehr ein Pferd kann, desto leichter fällt es ihm, etwas Neues zu lernen.

Diese Beobachtung kann ich immer wieder machen. Hat ein Pferd erst einmal begriffen, dass Worte und Zeichen eine

Lukka steht wieder still und wird in diesem Moment gelobt und belohnt. Entscheidend ist das richtige Timing.

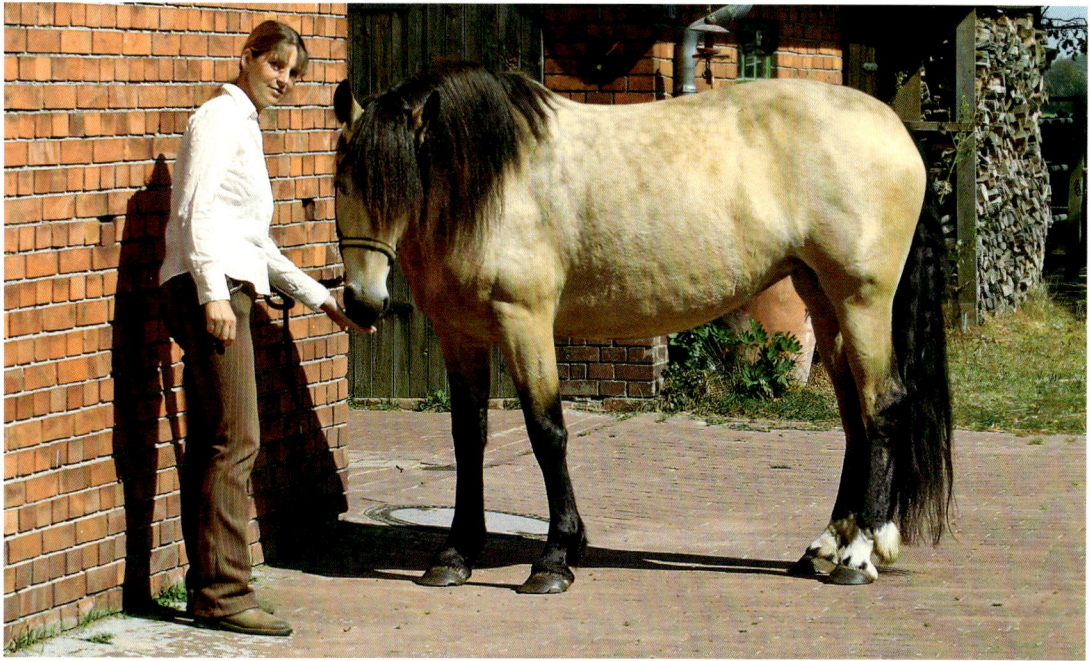

Lucky hört gut zu und geht nur auf Zuruf im Spanischen Schritt.

Bedeutung haben, versteht es neue Kommandos immer schneller. Mit solch einem Pferd zu arbeiten macht wirklich Spaß. Und ich bin sicher, dem Pferd macht es auch Spaß, auf diese Weise beschäftigt zu werden. Die meisten Pferde sind sowieso unterfordert und leiden unter Langeweile.

Mit einem unerfahrenen Pferd übt man das Lernen, schult seine Aufmerksamkeit und Konzentrationsfähigkeit, sodass ihm später das Erlernen neuer Lektionen leichterfallen wird.

Man kann so neuen Zugang zu verdorbenen Pferden finden, die „sauer" geworden sind und einfach keine Lust mehr zur Zusammenarbeit mit dem Menschen haben. Die häufigen Belohnungen bringen dem Pferd ständig kleine Erfolgserlebnisse. Einmal etwas ganz anderes mit dem Pferd zu üben, lässt schlechte Erfahrungen in den Hintergrund rücken.

Und noch etwas finde ich sehr bedeutend bei dem Training über positive Verstärkung. Es lassen sich damit auch Unarten korrigieren. Während wir es oft gewöhnt sind, zu schimpfen, wenn das Pferd schlechtes Benehmen zeigt, haben wir so die Möglichkeit, das Gute zu loben. Dafür ein Beispiel. Das Pferd steht am Anbinder und scharrt. Häufig wenden wir uns ihm dann zu und sprechen es an. Besser wäre es, den Fokus auf das richtige Verhalten, also das Stillstehen zu lenken und es dann zu loben. Das Pferd kann lernen, dass es durch gutes Benehmen Aufmerksamkeit bekommt. So wird die Stimmung besser und gewünschtes Verhalten kann belohnt werden.

Gelangweilte Pferde, die sich aufgrund dessen Unarten angewöhnt haben, werden motiviert, ihre Intelligenz in unserem Sinne einzusetzen und nicht gegen uns. Der Mensch verlangt aktiv etwas von seinem Pferd. Gewünschte Reaktionen des Pferdes können belohnt werden, statt mit Verboten auf Unarten zu reagieren. Das Verhältnis zwischen Mensch und Pferd sollte immer so sein, dass das Pferd auf den Menschen reagiert und nicht umgekehrt.

In der Natur hat das Pferd Vertrauen zum Leittier. Auch hier muss es so reagieren, wie der Ranghöhere es wünscht. Ein Pferd kommt sich deshalb nicht unterdrückt vor. Selbstverständlich braucht es trotzdem seine Freiräume.

Pferde, die sich beim Reiten verspannen, können durch Übungen vom Boden aus wieder gelockert werden. Ohne das Reitergewicht geht vieles erst einmal leichter, besonders wenn mit dem Gewicht negative Erfahrungen für das Pferd verbunden sind. Weiterhin hat man eine Möglichkeit, auch alte Pferde oder solche, die geschont werden müssen, unbelastet zu bewegen oder doch zumindest geistig fit zu halten. Pferden, die das Seitwärtstreten schon an der Hand gelernt haben, fällt es auch unter dem Reiter leichter, die Seitengänge zu erlernen. Die gute Gelenkigkeit und ein sicheres Gleichgewicht sind beste Voraussetzungen für ein rittiges Pferd.

Show-Auftritte

Irgendwann ist es so weit

Von Anfang an zeigte ich gerne meinen Freunden und Bekannten, was mein Pferd alles gelernt hatte. Mit der Zeit und der
zunehmenden Anzahl der Kunststückchen, die mein Lucky
erlernt hatte, sprach es sich herum, dass wir zwei einige besondere Sachen auf Lager haben. Irgendwann war jemand aus
meinem Bekanntenkreis in die Organisation eines Turniers
verwickelt und fragte mich, ob ich nicht in der Pause etwas mit
meinem Pferd vorführen wolle.

Das ist inzwischen sehr viele Jahre her. Es folgten Hofeinwei-
hungen, Familienfeiern, Vereinsjubiläen, Turniere, Festivals,
Pferdemessen und vieles mehr.

Mittlerweile ist es zwar keine Sensation mehr, wenn sich
Pferde auf Shows verbeugen, liegen oder sitzen, aber liebevoll
arrangierte und harmonische Darbietungen haben ihr begeis-
tertes Publikum. Zum Glück geht es doch nicht jedem um
„höher – schneller – weiter".

Mir macht es Spaß, mir eine Pferdenummer auszudenken,
sie in die Tat umzusetzen und dann auch zu zeigen. Es ist
immer wieder spannend, ob alles so klappt, wie man es sich
vorgenommen hat. Besonders die neueren Elemente, die noch
nicht Show-erprobt sind, haben ihren Reiz – für die eigenen
Nerven.

Natürlich ist es keine zwingende Konsequenz, mit seinem
Pferd Vorführungen zu geben, sobald es ein paar besondere
Lektionen erlernt hat. Man kann sich auch alleine über das
freuen, was man mit seinem Pferd alles auf die Beine stellen
kann. Doch bestimmt wird es auch dann den einen oder anderen Zuschauer geben, der interessiert beobachtet, was das
kleine, dicke Pony, das große, faule Pferd oder der nervöse,
schwierige Vollblüter noch so alles gelernt haben, nachdem
ihre Besitzer auf die Idee kamen, dass es noch mehr als Reiten
gibt. Im Folgenden werde ich ein paar Auftritte vorstellen. Vielleicht liefern sie Anregungen für eigene Ideen des Lesers.

**Bei Amber war es schon sehr früh so weit.
Mit knapp vier Jahren war sie auf der Equitana dabei, um ihre Rasse zu vertreten.**

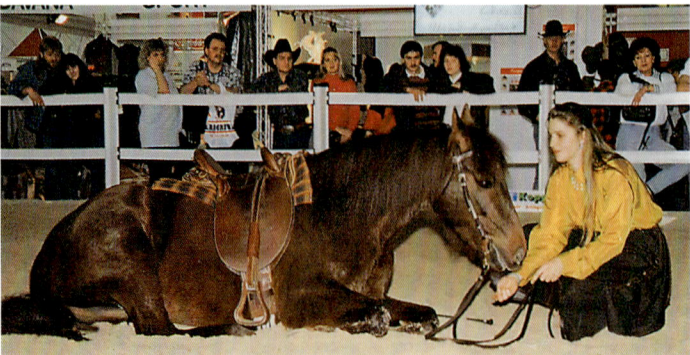

Kindergeburtstag

1 Es liegt ein Pferd im Garten ...

2 Aufmerksam, aber völlig ruhig trägt Lucky das stolze Geburtstagskind durch den Garten.

Es war im Sommer 1994. Leichtsinnigerweise hatte ich zugesagt. Eine Bekannte hatte mich gefragt, ob ich auf dem Geburtstag ihrer Nichte im Garten mit Lucky auftreten könne. Das wäre eine wirklich tolle Überraschung für die Kinder: Ein Pferd im Garten mitten in der Stadt.

Als ich zusagte, wusste ich noch nicht, dass an diesem Tag 36 °C im Schatten sein würden. Nun wollte ich aber meine Bekannte nicht enttäuschen und fand ihre Idee auch ganz nett, sodass ich mich nachmittags bei glühender Hitze auf den Weg machte. Glücklicherweise war Lucky nicht sehr hitzeempfindlich und regte sich auf dem Anhänger gar nicht auf. Die halbstündige Fahrt war also zumutbar für ihn.

Ich war selbst sehr gespannt, wie er die ungewohnte Umgebung mit Planschbecken und Sonnenschirm aufnehmen würde. Schon in den Garten hineinzukommen, war nicht ganz gewöhnlich für ein Pferd. Wir mussten durch ein enges Tor und eine Kante hinauf, um auf die Rasenfläche zu gelangen. Selten trifft man Leute, die ihren Rasen so gerne den Pferdehufen aussetzen wie in diesem Fall.

Aber es hatte sich gelohnt. Die Kinder waren begeistert – ein echtes Pferd auf ihrer Feier. Und auf Lucky war wieder einmal Verlass. Gelassen zeigte er seine Vorführung auf kleinstem Raum. Geduldig trug er ein Kind nach dem anderen sowie Oma und Opa im Kreis und graste anschließend zufrieden auf dem zarten Grün, während er noch ausgiebig bestaunt wurde.

Die Kinder, hoffe ich, werden sich an dieses freundliche Pferd, mit dem man sogar reden konnte, erinnern, wenn es wieder einmal in einer Reitschule heißen sollte: Der Mistbock will einfach nicht! Die Eltern konnten erfahren, dass Pferde keine gefährlichen, wilden Riesentiere sein müssen.

Wirklich zuverlässige Pferde, und das werden sie, je mehr Vertrauen sie zu uns haben, können sich auf die unterschiedlichsten Bedingungen einstellen. Natürlich klappt die eine oder andere Lektion unter diesen oder jenen Umständen mal besser und mal schlechter, aber so ist das mit den Lebewesen. Aufmerksam, aber völlig ruhig trug Lucky das stolze Geburtstagskind durch den Garten.

Pferd und Hund

Geht das gut? Hat das Pferd keine Angst vor dem Hund und umgekehrt? Fragen, die sich nicht pauschal beantworten lassen. Die Idee zu einer kombinierten Vorführung mit Pferd und Hund hatte ich schon vor vielen Jahren. Der Hund im Team war damals Theo, ein kleiner, sportlicher Mischling. Er war sehr gelehrig, konnte viele Kunststücke und sprang begeistert auf und über alles. So ließ ich ihn eines Tages über Luckys Schweif und über sein hochgehaltenes Vorderbein springen. Da die beiden Tiere sich gut kannten, war ein gemeinsames Üben gleich möglich. Voraussetzung für eine gute Zusammenarbeit von Pferd und Hund sind die Grunderziehung beider Tiere und auch das Training der Lektionen mit jedem Tier einzeln. Außerdem sollten die Tiere im alltäglichen Leben aneinander gewöhnt sein.

Es gibt sicherlich sowohl Pferde als auch Hunde, die zu einem gemeinsamen Training einfach nicht geeignet sind. Ich würde nichts erzwingen.

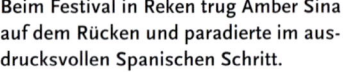

Beim Festival in Reken trug Amber Sina auf dem Rücken und paradierte im ausdrucksvollen Spanischen Schritt.

Nachdem Theo aus Altersgründen ausfiel, fehlte längere Zeit ein Hund bei den Auftritten.

Heute ist Sina oft dabei. Auch sie ist mit Begeisterung bei der Sache, wenn es darum geht, neue Kunststücke zu lernen, alleine oder gemeinsam mit den Pferden. Inzwischen hat sie sehr viel Geschick entwickelt, wenn sie auf einem Pferderücken durch die Gegend schaukelt. Manche Hunde beängstigt die unerklärliche Bewegung. Ein heikler Moment für das Fluchttier Pferd ist, wenn das Raubtier Hund auf seinen Rücken springt, aber Pferde können sich durchaus daran gewöhnen. Man sollte allerdings auf alle Fälle vermeiden, dass das Pferd die Krallen des Hundes spürt. Vorführungen mit Pferd und Hund finden immer großen Anklang. Die eifrigen, schnellen Bewegungen des Hundes lockern den Auftritt zusätzlich auf und begeistern immer wieder das Publikum.

Besonders beeindrucken Lektionen, die man dem Pferd zugeordnet hätte, die dann aber vom Hund vorgeführt werden und umgekehrt. Darin sehe ich nichts Unnatürliches. Sina tritt im Spiel oft mit einem Vorderbein nach vorne heraus. Warum soll sie nicht auch den Spanischen Schritt zeigen können? Und Lucky hatte sich das Sitzen so zu eigen gemacht, dass er nach dem Wälzen im Auslauf meistens sitzen blieb, um sich die Schweifrübe zu schubbern oder sich einfach ein wenig umzuschauen. Es gibt viele Lektionen, die man mit Hund und Pferd kombiniert üben kann. So kann man sich gut gleichzeitig mit beiden Vierbeinern beschäftigen.

Ein Auftritt auf der Equitana

Die Equitana – immer wieder eines der größten Ereignisse rund ums Pferd. Einerseits lockte es mich, dabei zu sein, andererseits befürchtete ich eine Menge Stress für Mensch und Tier. Ersteres überwog dann doch, und ich fuhr zum zweiten Mal mit Pferd und dieses Mal auch mit meinem Hund zu der weltweit bekannten Pferdemesse.

Gemeinsam mit meinem Vater, den Pferden Lucky und Watani, der Hündin Sina, Susanne und Cornelia, die uns hilfreich zur Seite standen, ging die Reise los.

Der Kombi meiner Freundin war prall gefüllt mit Hund, Sattel, diversen Ausrüstungsgegenständen, verschiedenen Garderoben für die Auftritte, Pferdefutter (auch die frischen Möhren sollten nicht fehlen) und einem Klapprad, das sich als sehr nützlich erwies. Im Auto meines Vaters ging es ähnlich zu. Wie jedesmal beim Transport der Pferde freute ich mich, dass sie sich so gelassen durch die Gegend fahren lassen. In Essen war es dann gar nicht so leicht, das richtige Tor zum Messegelände zu finden. Wenn man erst einmal mit seinem Gespann auf dem Gelände ist, ist das Gröbste geschafft – glaubt man zunächst. Nachdem man in langen Autoschlangen steckte, sich an verkeilten Lastzügen vorbeiquetschen musste, konnte man froh sein, einen Platz zum Entladen zu ergattern. Wir mussten dafür mit einer Schramme unbekannter Herkunft an der Autotür bezahlen.

Für die Pferde hatten wir einen Platz im Stallzelt reserviert. Eine Box in einer der Messehallen mit permanentem Lärm, Tausenden von grabbelnden Händen und schlechter Luft würde ich meinem Pferd nicht zumuten wollen. Überhaupt eine schwierige Frage: Was kann man seinem Pferd zumuten, wenn man es schätzt und gern hat? Ich denke, das Pferd kann auch einmal einige weniger angenehme Umstände auf sich nehmen, solange sie in einem vertretbaren Rahmen bleiben. Auch ich würde lieber immer Freizeit haben, aber wir wissen, warum das nicht geht. Und so muss Lucky sich ebenfalls manchmal seine Brötchen erst verdienen. Nach der Messe konnte ich zufrieden feststellen, dass er viel weniger genervt war von der ganzen Aktion, als ich zunächst befürchtet hatte. Ich hatte sogar den Eindruck, dass er recht zufrieden war und vieles auch beim x-ten Male noch gern und eifrig mitmachte. Ich habe mich allerdings auch bemüht, seinen Tag so angenehm wie möglich zu gestalten.

Ich finde es nicht in Ordnung, mit seinem Pferd zu einer Messe zu fahren, es dort in eine kleine Box zu stellen und nur für kurze Auftritte herauszuholen. Das macht kein Pferd gern mit. Ich kann von meinem Pferd keine zuverlässige Leistung erwarten, wenn es unzufrieden und unausgeglichen ist. Das Gleiche gilt auch für den Hund. Sina muss Bewegung haben, Abwechslung und auch wieder Ruhe, sonst leidet die freudige Mitarbeit.

Auf der Messe trat ich zweimal täglich mit Pferd und Hund für meinen Verlag und eine Zeitschrift auf: Sina reitet auf Lucky, sie bleibt auf ihm sitzen, während er sich hinlegt, die beiden sitzen nebeneinander. Lucky hebt Sinas Halstuch auf, Sina springt über Luckys Schweif, und beide zeigen den Spanischen Schritt. Sie ergänzen sich prächtig in der Nummer.

Wichtig ist auch eine begleitende Musik, die gute Laune verbreitet, ein paar passende Akzente setzt und weder langweilt noch auf die Nerven geht. Da müssen vorher oft viele CDs und Platten gewälzt werden. Unser Hotel lag glücklicherweise in der Nähe des Messegeländes. So konnten wir zu Fuß hin und her gehen, aber auch das Klapprad kam voll zum Einsatz. Ich dehnte den direkten Weg oft aus, damit Sina sich richtig austoben konnte.

Um die Pferde gut zu versorgen, waren Susanne und ich morgens schon ganz früh im Stallzelt. Als Erstes longierte ich Lucky oder ließ ihn frei mit Watani im Longierzelt laufen,

Bei unseren Auftritten bildeten Lucky und Sina ein gutes Team.

So haben wir uns auf der Equitana verabschiedet.

solange es frei war. Die beiden sind es nicht gewöhnt, ihren Tag in der Box zu verbringen, und so war ihnen die Bewegung sehr willkommen. Danach konnten die Pferde, aber auch wir, das Frühstück zufrieden genießen.

Als weitere Abwechslung zu den Auftritten boten wir den Pferden und Sina einen Ausritt um den Grugapark, zugegeben nicht das ideale Reitgelände. An vielbefahrenen Straßen entlang, über große Parkplätze, vorbei an Straßenbahnendhaltestellen und durch Wohngebiete ritten wir, aber die Pferde hatten viel zu schauen und Bewegung unter freiem Himmel. Wohl dem, der ein verkehrssicheres Pferd hat! Bei so viel Beschäftigung schien Lucky direkt müde zu werden, denn jeden Nachmittag gegen 15 Uhr legte er sich in seiner Box zu einem Schläfchen nieder.

Ich glaube, die Tiere haben sich ganz wohlgefühlt. Sie blieben bei jeder Vorführung zuverlässig, standen geduldig in der Menge, hätten sich vermutlich auch noch von dem 172sten auf die Nase fassen lassen, wenn ich es nicht verhindert hätte, und ließen sich durch nichts erschüttern. Erstaunlich war immer wieder die Reaktion des Publikums, wenn ich die Frage nach dem Alter der Pferde mit „19 und 20" beantwortete. Meist schauten sie erst bestürzt drein, dann allerdings folgte ein anerkennender Blick.

Dabei finde ich unsere Pferde gar nicht besonders alt. Ich hatte doch nicht „29 und 30" gesagt! Aber ältere Pferde sind wohl sehr ungewöhnlich auf Messen und Shows. Nach fünf Tagen fuhren wir froh, müde, zufrieden und mit viel Gesprächsstoff nach Hause. Ich bin begeistert, wie gut alles mit meinen

Tieren geklappt hat, und hoffe, dass ich mit Lucky noch viele schöne Auftritte haben werde. Das schrieb ich 1996. Dieser Wunsch hat sich auf jeden Fall erfüllt.

Mein bewegendster Auftritt

Einen meiner Auftritte aus den letzten Jahren wird mir immer ganz besonders in Erinnerung bleiben. Es war der erste Auftritt mit Amber nachdem sie eine sehr schwere Krankheit überstanden hatte. Die Aussichten standen dafür mehr als schlecht. Die Klinik hatte mir keine Hoffnung mehr gemacht und vorgeschlagen, das Pferd einzuschläfern. Amber litt an einem sogenannten Cauda equina-Syndrom. Bei ihr waren Nerven des hinteren Rückenmarkabschnitts gelähmt, was dazu führte, dass sie nicht mehr selber äppeln konnte. Half man ihr dabei, hatte sie keine offensichtlichen Beschwerden. Ich möchte dem Leser jetzt weitere Einzelheiten ersparen, nur soviel sei noch gesagt: Die Schulmedizin ist nicht immer der Weisheit letzter Schluss. Es kann sich lohnen mit allen Mitteln zu kämpfen, solange das Tier nicht unverhältnismäßig leidet. Vielen Dank an alle meine Helfer und moralischen Unterstützer!

Als ich sie dann endlich wieder reiten konnte, stand schon fast die Messe „Pferd und Hund" vor der Tür. Relativ kurzentschlossen nahm ich sie mit. Es wurde ein Auftritt nach fröhlicher Musik im Hippie-Kostüm, bei dem Amber hohe Dressurlektionen unter dem Sattel, nur mit Halsring geritten, zeigte. Das Publikum ging mit und klatschte im Takt zur Passage. Mir kamen fast die Tränen und ich freute mich nochmals unendlich über die Rettung meines bernsteinfarbenen Goldstücks.

Ohne Worte

Service

Nützliche Adressen

Nathalie Penquitts
Pferdeschule
Hof Hohenholz
Hohenholzer Weg 36
D-27305 Engeln
Tel. +49-(0)4253-801808
Fax +49-(0)4253-801809
Internet: www.penquitt.de

Freizeitreit-Akademie
Claus Penquitt
Hiddinger Str. 35
D-27274 Visselhövede
Tel. +49 - (0) 4262-724
Fax +49 - (0) 4262-8661
Internet: www.claus-penquitt.de

Zum Weiterlesen

Bücher und Filme von Nathalie Penquitt und Claus Penquitt

Penquitt, Nathalie: **Meine Pferdeschule DVD**; Zauber der Verständigung, KOSMOS 2007
Der Lehrfilm zur „Pferdeschule", Spieldauer ca. 40 Minuten.

Penquitt, Nathalie: **Erste Schritte unter dem Sattel**; Junge Pferde selber ausbilden, KOSMOS 1999, 2008
Nathalie Penquitt erklärt, wie Jungpferde von Anfang an vielseitig und pferdegerecht ausgebildet werden.

Penquitt, Nathalie: **Nathalie Penquitts Longierschule**; Ausbilden mit Präzision, Pep und Pferdeverstand, KOSMOS 2002
Jetzt geht's rund: Dieses Buch enthält das Know-how fürs richtige Longieren und viele nützliche Tipps für mehr Vielfalt in der Ausbildung und im Training.

Penquitt, Nathalie: **Longierschule DVD**; Longieren mit Präzision, Pep und Pferdeverstand, pferdia TV 2007
Der Lehrfilm zur „Longierschule", Spieldauer ca. 58 Minuten.

Penquitt, Nathalie: **Nathalie Penquitts motivierte Pferde**; Pferde motivieren und faszinieren, Cadmos 2004
Nathalie Penquitt bietet Antworten auf Fragen und zeigt viele Wege und Lösungen, um ein Pferd erfolgreich zu motivieren. Mit praktischen Trainingsplänen.

Penquitt, Nathalie: **Lernspiele für Pferde**; Lernen spielend leicht gemacht, Cadmos 2006
Spielerisches Lernen fördert die Motivation des Pferdes, das Ergebnis sind glückliche und gut ausgebildete Pferde.

Penquitt, Nathalie: **Manege frei für Freizeitpferde**; Zirkuslektionen für Neugierige, Cadmos 2004
*Nathalie Penquitt präsentiert Zirkuslektionen für Freizeit-
pferde, Schritt für Schritt und präzise erklärt.*

Penquitt, Claus / Penquitt, Nathalie: **Unser Erfahrungsbuch
vom Reiten**; KOSMOS 2007
*Der Ratgeber von Vater und Tochter, in dem typische Fragen der
Freizeitreiter kompetent beantwortet werden. Das Ziel ist eine
Reitweise, die pferdegerecht, ästhetisch und auf feine Hilfenge-
bung abgestimmt ist.*

Penquitt, Claus: **Die neue Freizeitreiter-Akademie**; Reiten nach
altklassischen, altkalifornischen und iberischen Vorbildern,
KOSMOS 2001
*Die maßgebliche Reitlehre, in der die richtige Gymnastizierung
des Pferdes, eine feine Hilfengebung und Harmonie im Vordergrund stehen.*

Penquitt, Claus: **Die neue Freizeitreiter-Akademie DVD**;
KOSMOS 2003
*Der Lehrfilm zur „Freizeitreiter-Akademie", Spieldauer ca.
55 Minuten.*

Penquitt, Claus: **Mein Übungsbuch**; Lektionen zum gymnastizierenden Reiten, KOSMOS 2004
*Dieses Übungsbuch mit über 40 Aufgaben für jeden Reittag gibt
vielseitige Anregungen für mehr Abwechslung und für ein sinn-
volles Dressurtraining.*

Weitere empfehlenswerte Bücher

Aguilar, Alfonso / Roth-Leckebusch, Petra: **Wie Pferde lernen
wollen**; Bodenarbeit, Erziehung und Reiten, KOSMOS
2004
*Der Mexikaner Alfonso Aguilar ist bekannt für seine einfühl-
same Art, Pferde zu trainieren. Er zeigt anhand vieler praktischer
Übungen, wie Pferde in ihrem Wesen begriffen und gefördert
werden können.*

Borelle, Bea / Braun, Gudrun: **Bea Borelles Zirkusschule**;
Bühne frei für Pferde, KOSMOS 2004
*Von den grundlegenden Basisübungen bis hin zu den Klassi-
kern und natürlich den einzigartigen Kunststücken von Pony
Ben bietet diese Zirkusschule alles, was Pferdeherzen höher
schlagen lässt.*

Hinrichs, Richard: **Pferde schulen an der Hand**; Wege zum
   Lösen und Versammeln, KOSMOS 2005
   *Dieses Buch zeigt vielfältige Möglichkeiten, wie die freiwillige
   Mitarbeit des Pferdes an der Hand durch den Einsatz von
   Zügeln, Gerte, Stimme und Körpersprache gefördert werden
   kann.*

Pryor, Karen: **Positiv bestärken, sanft erziehen**; Die verblüffen-
   de Methode, nicht nur für Hunde, KOSMOS 2006
   *Dieses Buch erklärt das Clicker-Training in Theorie und Praxis.
   Mit positiver Bestärkung kann man Tiere erfolgreich erziehen.*

Schöning, Dr. med. vet. Barbara: **Clicker-Training für Pferde**;
   KOSMOS 2006
   *Mit Clicker-Training lernen Pferde gewünschte Verhaltenswei-
   sen im Alltag, in unerwarteten Situationen, bei der Bodenarbeit
   und beim Reiten in Bahn und Gelände.*

Linda Tellington-Jones / Bobby Lieberman: **Tellington Training
   für Pferde**, KOSMOS, 2007
   *Das große Lehr-und Praxisbuch, in dem die berühmte Pferdeex-
   pertin ihre Ausbildungswege für Pferde umfassend darstellt. Es
   geht darum, eine harmonische Bindung zwischen Mensch und
   Pferd zu schaffen.*

Thiel, Ulrike: **Die Psyche des Pferdes**; Sein Wesen, seine
   Sinne, sein Verhalten, KOSMOS 2007
   *Wer weiß wirklich, wie Pferde fühlen und wie sie das Geritten-
   werden erleben? Ein Blick in die Psyche des Pferdes!*

Register

BILDNACHWEIS

Mit 5 Fotos aus dem Archiv von Nathalie Penquitt (Seite 5, 133), 1 Foto von Klaus Guni (Seite 4), 2 Fotos von Lothar Lenz (Seite 131, 134), 2 Fotos von Marianne Lins (Seite 10, 22), 1 Foto von Silke Ludwig (Seite 141), 1 Foto von Gabriele Metz (Seite 138), 2 Fotos von Nathalie Penquitt (Seite 23, 130) und 1 Foto von Eike Sieglerschmidt (Seite 34). Alle anderen Fotos stammen von Cornelia Göricke-Penquitt.

IMPRESSUM

Umschlaggestaltung von eStudio Calamar unter Verwendung von drei Farbfotos von Marianne Lins (Vorderseite) und Cornelia Göricke (Rückseite).

Mit 226 Farbfotos.

Alle Angaben und Methoden in diesem Buch sind sorgfältig erwogen und geprüft. Sorgfalt bei der Umsetzung ist indes doch geboten. Verlag und Autorin übernehmen keinerlei Haftung für Personen-, Sach- oder Vermögensschäden, die im Zusammenhang mit der Anwendung und Umsetzung entstehen könnten.
Nicht alle reitenden Personen in diesem Buch tragen eine Reitkappe. Wir weisen aber ausdrücklich darauf hin, dass eine Reitkappe, die allen Sicherheitsnormen entspricht, getragen werden sollte und in vielen Fällen sogar Pflicht ist.

Unser gesamtes lieferbares Programm und viele weitere Informationen zu unseren Büchern, Spielen, Experimentierkästen, DVD, Autoren und Aktivitäten finden Sie unter **kosmos.de**

© 2010, Franckh-Kosmos Verlags-GmbH und Co. KG, Stuttgart
Alle Rechte vorbehalten
ISBN 978-3-440-11793-4
Redaktion: Gudrun Braun, Hamburg
Gestaltungskonzept: eStudio Calamar
Gestaltung und Satz: Atelier Krohmer, Dettingen/Erms
Produktion: Claudia Kupferer
Printed in Germany / Imprimé en Allemagne

FSC
www.fsc.org
MIX
Papier aus ver-
antwortungsvollen
Quellen
FSC® C004592

KOSMOS.
Mehr wissen. Besser reiten.

Ein motivierender Ratgeber!

Nathalie Penquitt zeigt, wie eine Reitstunde kompetent aufgebaut wird, wie eine motivierende Stimmung entsteht und wie Missverständnisse gar nicht erst entstehen. Sie geht dabei auf Mensch und Pferd ein und erklärt anhand vieler Beispiele, wie Schülerinnen und Schüler Anweisungen leichter verstehen und umsetzen können.

Nathalie Penquitt | Guter Reitunterricht
128 S., 150 Abb., €/D 34,90
ISBN 978-3-440-11175-8

Pferdeausbildung leicht gemacht!

Mit Ruhe und Geduld soll das junge Pferd an seine Aufgaben herangeführt und motiviert werden, denn die ersten Schritte unter dem Sattel sind richtungsweisend für seinen weiteren Weg. Wie solch eine pferdefreundliche Grundausbildung in eigener Regie aussehen kann, beschreibt Nathalie Penquitt in diesem Buch.

Nathalie Penquitt | Erste Schritte unter dem Sattel
128 S., 184 Abb., €/D 22,90
ISBN 978-3-440-11184-0

Ein Buch voller Erfahrung!

Claus Penquitt und seine Tochter Nathalie sind Experten ihres Fachs, die ihre Kompetenz seit vielen Jahren beweisen und für unzählige Freizeitreiter Vorbild sind. Aus ihrem reichen Erfahrungsschatz mit Pferden und Reitschülern ist ein spannendes Werk entstanden mit fachkundigen Antworten und vielen Fallbeispielen. Ein Fundus für alle Freunde des feinen Reitens!

Claus & Nathalie Penquitt | Unser Erfahrungsbuch vom Reiten
144 S., 125 Abb., €/D 24,90
ISBN 978-3-440-10710-2

Preisänderung vorbehalten

kosmos.de/pferde